“一带一路”地震安全报告

中国地震局国际合作司

地震出版社

图书在版编目（CIP）数据

"一带一路"地震安全报告 / 中国地震局国际合作司编 .
-- 北京 : 地震出版社，2018.2

ISBN 978-7-5028-4869-9

Ⅰ. ①一 ⋯ Ⅱ. ①中 ⋯ Ⅲ. ①地震 — 研究报告 —
世界 Ⅳ. ① P316.1

中国版本图书馆 CIP 数据核字 (2017) 第 233265 号

地震版 XM4050

审图号: GS (2018) 802 号

地图上中国国界线系按照中国地图出版社 1989 年出版的
1 : 400 万《中华人民共和国地形图》绘制

"一带一路" 地震安全报告

中国地震局国际合作司
责任编辑 : 樊 钰
责任校对 : 刘 丽

出版发行 : 地 震 出 版 社
北京市海淀区民族大学南路 9 号　　邮编 : 100081
发行部 : 68423031　68467993　　传真 : 88421706
门市部 : 68467991　　传真 : 68467991
总编室 : 68462709　68423029　　传真 : 68455221
http: //www.dzpress.com.cn
经销 : 全国各地新华书店
印刷 : 北京地大彩印有限公司

版（印）次 : 2018 年 2 月第一版　2018 年 2 月第一次印刷
开本 : 889 × 1194　1/16
字数 : 328 千字
印张 : 15
书号 : ISBN 978-7-5028-4869-9/P（5570）
定价 : 99.00 元

《“一带一路”地震安全报告》

编 委 会

序

2013年9月，习近平总书记在出访中亚国家期间，首次提出共建"丝绸之路经济带"。这与同年10月提出的"21世纪海上丝绸之路"，共同组成了"一带一路"战略构想。共建"一带一路"的重大倡议，开启了中国陆海内外联动、东西双向互济的新篇章，开辟了各国互利共赢、和平发展、构建人类命运共同体的新前景，得到了各方普遍欢迎和积极参与，取得了举世瞩目的重大成绩。

然而，我们也应看到，在"一带一路"建设过程中，地震灾害风险不容忽视。随着"一带一路"建设的推进，沿线国家出现了经济增长新浪潮，基础设施建设出现井喷式增长，人口和社会财富进一步聚集，自然灾害造成损失的风险日益加剧。在众多自然灾害中，地震灾害的突发性强，毁灭性大，是对人类生命财产安全和经济社会发展威胁最严重的自然灾害之一。据统计，全球的地震活动和地震灾害主要集中于环太平洋地震带和欧亚地震带上，而"一带一路"沿线多数国家正处于这两大地震带上，地震风险很高，历史上地震灾害十分严重。近年来，亚美尼亚、土耳其、巴基斯坦、伊朗、印度等国陆续发生重特大地震，造成数十万人死亡。2004年印度洋海啸和2011年东日本大地震造成的损失和影响至今仍历历在目。这些地震不仅造成了巨大的人员伤亡，也给当地经济发展和社会稳定带来严重冲击。

习近平总书记在十九大报告中呼吁，"要建设持久和平、普遍安全、共同繁荣、开放包容、清洁美丽的世界"，要"树立共同、综合、合作、可持续的新安全观"。作为非传统安全的一种，地震安全，对于人类命运共同体的构建、对于"一带一路"建设的推进将发挥不可或缺的作用。

为保障“一带一路”地震安全，中国地震局充分发挥行业特点，精心谋划，紧抓机遇，主动出击，以区域地震构造环境探查、地震安全性评价技术开发、区域工程结构的抗震能力建设、抗震设防水准制定、区域内地震监测能力和地震应急救援联合行动机制建设等为主要抓手，广泛开展“一带一路”合作，积极提高区域地震灾害应对能力，保护我国在相关地区的重大工程和人员安全。一是帮助“一带一路”沿线国家建设地震监测台网，提高监测能力。在现有 39 个境外台站的基础上，2017 年，我们全面启动了援尼泊尔、老挝地震台网建设及中国东盟地震海啸监测系统项目。项目完成后，将新增或改造 55 个境外地震台站，既服务于当地防震减灾，又可以提高我国地震台网对全球地震的监测和速报能力。二是开展“一带一路”沿线国家地震构造环境检查和震害预测研究，帮助这些国家制定合理的抗震设防标准，提高当地建筑物抗震水平和抗御地震风险的能力。三是加强与“一带一路”沿线国家在救灾、重建、信息共享方面的合作。开展亚太地区地震应急演练，举办东盟地区论坛地震应急救援研讨会，帮助沿线国家培训专业城市搜救队伍，提高沿线国家应对地震灾害的能力。

下一步，地震部门将继续加强与“一带一路”沿线国家的地震安全合作，切实提高共同抵御地震灾害风险的能力，为保障区域安全，造福沿线人民提供重要保障。为此，中国地震局广泛收集“一带一路”沿线国家地震活动及危险性、地震构造、监测及应急救援等基础资料，汇集形成“一带一路”地震安全报告，为今后的区域合作提供参考和依据。

本书编委会

2017 年 10 月

目 录

■ “一带一路”简介

一、“一带一路”含义

2013 年秋天，习近平总书记在哈萨克斯坦和印度尼西亚提出共建“丝绸之路经济带”和“21 世纪海上丝绸之路”，即“一带一路”倡议。“一带一路”贯穿亚欧非大陆，一头是活跃的东亚经济圈，一头是发达的欧洲经济圈，中间广大腹地国家经济发展潜力巨大。“丝绸之路经济带”重点畅通中国经中亚、俄罗斯至欧洲（波罗的海）；中国经中亚、西亚至波斯湾、地中海；中国至东南亚、南亚、印度洋。“21 世纪海上丝绸之路”重点方向是从中国沿海港口过南海到印度洋，延伸至欧洲；从中国沿海港口过南海到南太平洋。

2013 年 9 月 7 日，习近平总书记在哈萨克斯坦纳扎巴耶夫大学发表题为《弘扬人民友谊　共创美好未来》的重要讲话，首次提出共建“丝绸之路经济带”的提议。

2013 年 10 月 3 日，习近平总书记在印度尼西亚国会发表题为《携手建设中国—东盟命运共同体》的重要演讲，首次提出共同建设“21 世纪海上丝绸之路”的提议。

二、时代背景

2000 多年前，我们的先辈筚路蓝缕，穿越草原沙漠，开辟出联通亚欧非的陆上丝绸之路；我们的先辈扬帆远航，穿越惊涛骇浪，闯荡出连接东西方的海上丝绸之路。古丝绸之路打开了各国友好交往的新窗口，书写了人类发展进步的新篇章。

千百年来，“和平合作、开放包容、互学互鉴、互利共赢”的丝绸之路精神薪火相传，推进了人类文明进步，是促进沿线各国繁荣发展的重要纽带，是东西方交流合作的象征，是世界各国共有的历史文化遗产。

进入 21 世纪，人类社会正处在一个大发展大变革大调整时代。世界多极化、经济全球化、社会信息化、文化多样化深入发展，和平发展的大势日益强劲，变革创新的步伐持续向前。各国之间的联系从来没有像今天这样紧密，世界人民对美好生活的向往从来没有像今天这样强烈，人类战胜困难的手段从来没有像今天这样丰富。我们正处在一个挑战频发的世界。世界经济增长需要新动力，发展需要更加普惠平衡，贫富差距鸿沟有待弥合。地区热点持续动荡，恐怖主义蔓延肆虐。和平赤字、发展赤字、治理赤字，是摆在全人类面前的严峻挑战。

在以和平、发展、合作、共赢为主题的新时代，面对复苏乏力的全球经济形势、纷繁复杂的国际和地区局面，传承和弘扬丝绸之路精神更显重要和珍贵。

三、共建原则

1. 恪守联合国宪章的宗旨和原则：遵守和平共处五项原则，即尊重各国主权和领土完整、互不侵犯、互不干涉内政、和平共处、平等互利。

2. 坚持开放合作："一带一路"相关的国家基于但不限于古代丝绸之路的范围，各国和国际、地区组织均可参与，让共建成果惠及更广泛的区域。

3. 坚持和谐包容：倡导文明宽容，尊重各国发展道路和模式的选择，加强不同文明之间的对话，求同存异、兼容并蓄、和平共处、共生共荣。

4. 坚持市场运作：遵循市场规律和国际通行规则，充分发挥市场在资源配置中的决定性作用和各类企业的主题作用，同时发挥好政府的作用。

5. 坚持互利共赢：兼顾各方利益和关切，寻求利益契合点和合作最大公约数，体现各方智慧和创意，各施所长，各尽其能，把各方优势和潜力充分发挥出来。

四、框架思路

"一带一路"是促进共同发展、实现共同繁荣的合作共赢之路，是增进理解信任、加强全方位交流的和平友谊之路。中国政府倡议，秉持和平合作、开放包容、互学互鉴、互利共赢的理念，全方位推进务实合作，打造政治互信、经济融合、文化包容的利益共同体、命运共同体和责任共同体。

根据"一带一路"走向，陆上依托国际大通道，以沿线中心城市为支撑，以重点经贸产业园区为合作平台，共同打造新亚欧大陆桥、中蒙俄、中国—中亚—西亚、中国—中南半岛等国际经济合作走廊；海上以重点港口为节点，共同建设通畅安全高效的运输大通道。中巴、孟中印缅两个经济走廊与推进“一带一路”建设关联紧密，要进一步推动合作，取得更大进展。

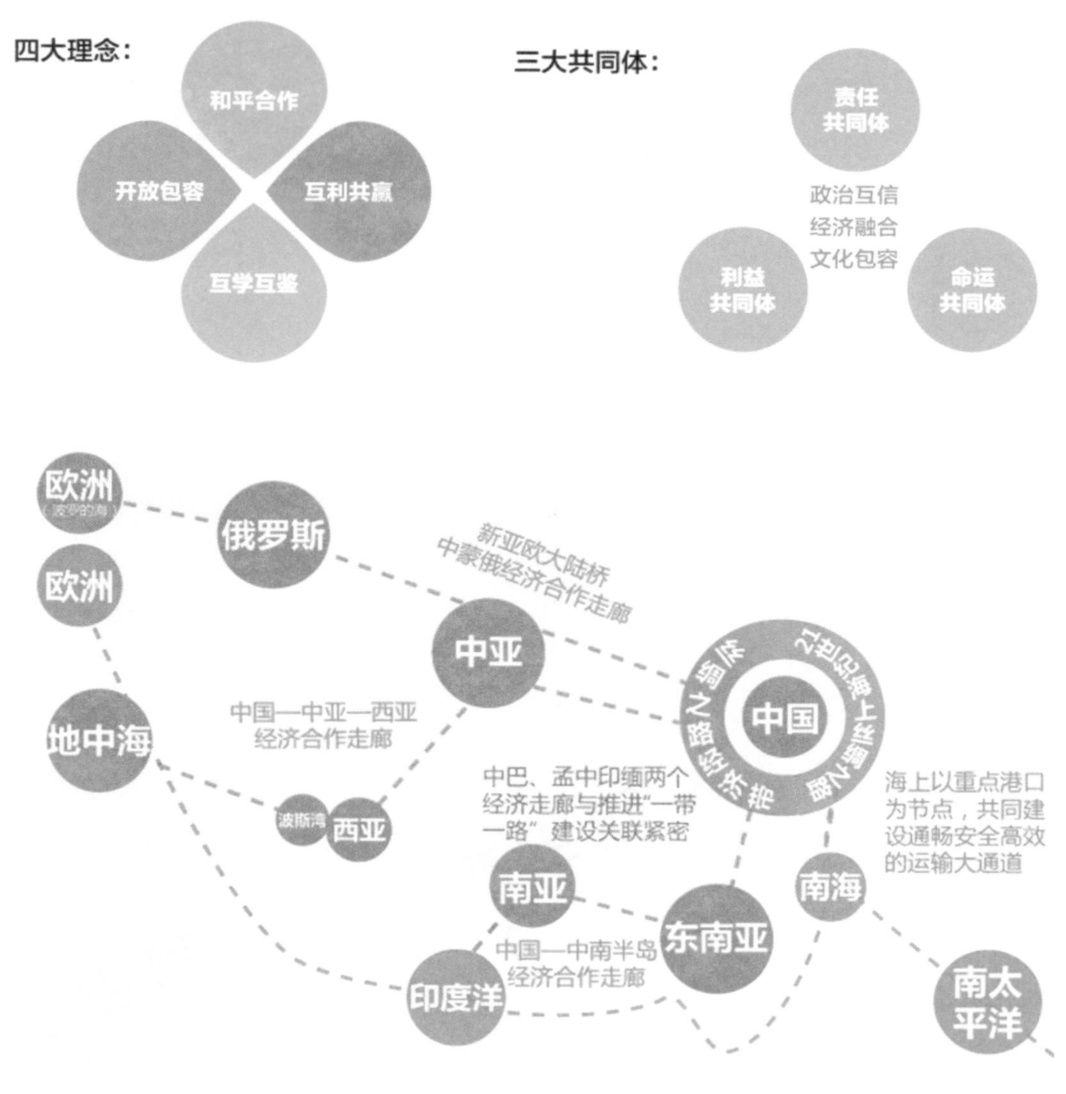

“一带一路”建设是沿线各国开放合作的宏大经济愿景，需各国携手努力，朝着互利互惠、共同安全的目标相向而行

“一带一路”建设是沿线各国开放合作的宏大经济愿景，需各国携手努力，朝着互利互惠、共同安全的目标相向而行。努力实现区域基础设施更加完善，安全高效的陆海空通道网络基本形成，互联互通达到新水平；投资贸易便利化水平进一步提升，高标准自由贸易区网络基本形成，经济联系更加紧密，政治互信更加深入；人文交流更加广泛深入，不同文明互鉴共荣，各国人民相知相交、和平友好。

绿色丝绸之路：深化环保合作，践行绿色发展理念，加大生态环境保护力度。

健康丝绸之路：深化医疗卫生合作，加强在传染病疫情通报、疾病防控、医疗救援、传统医药领域互利合作。

智力丝绸之路：深化人才培养合作，倡议建立“一带一路”职业技术合作联盟，培养培训各类专业人才。

和平丝绸之路：深化安保合作，践行共同、综合、合作、可持续的亚洲安全观，推动构建具有亚洲特色的安全治理模式。

五、合作重点

沿线各国资源禀赋各异，经济互补性较强，彼此合作潜力和空间很大。以政策沟通、设施联通、贸易畅通、资金融通、民心相通为主要内容，重点在以下方面加强合作。

1. 政策沟通：“一带一路”建设的重要保障。

加强政府间合作，积极构建多层次政府间宏观政策沟通交流机制，深化利益融合，促进政治互信，达成合作新共识。

2. 设施联通：“一带一路”建设的优先领域。

在尊重相关国家主权和安全关切的基础上，沿线国家宜加强基层设施建设规划、技术标准体系的对接，共同推进国际骨干通道建设，逐步形成连接亚洲各次区域以及亚欧非之间的基础设施网络。

3. 贸易畅通：“一带一路”建设的重点内容。

宜着力研究解决投资贸易便利化问题，消除投资和贸易壁垒，构建区域内和各国良好的营商环境，积极同沿线国家和地区共同商建自由贸易区，激发释放合作潜力，做大做好合作“蛋糕”。

4. 资金融通：“一带一路”建设的重要支撑。

深化金融合作，推进亚洲货币稳定体系、投融资体系和信用体系建设。扩大沿线国家双边本币互换、结算的范围和规模。

5. 民心相通：“一带一路”建设的社会根基。

传承和弘扬丝绸之路友好合作精神，广泛开展文化交流、学术往来、人才交流合作、媒体合作、青年和妇女交往、志愿者服务等，为深化双多边合作奠定坚实的民意基础。

六、建设成果

4 年来，全球 100 多个国家和国际组织积极支持和参与“一带一路”建设，联合国大会、联合国安理会等重要决议也纳入“一带一路”建设内容。“一带一路”建设逐渐从理念转化为行动，从愿景转变为现实，建设成果丰硕。

4 年来，政策沟通不断深化。中国同有关国家协调政策，包括俄罗斯提出的欧亚经济联盟、东盟提出的互联互通总体规划、哈萨克斯坦提出的“光明之路”、土耳其提出的“中间走廊”、蒙古提出的“发展之路”、越南提出的“两廊一圈”、英国提出的“英格兰北方经济中心”、波兰提出的“琥珀之路”等。中国同老挝、柬埔寨、缅甸、匈牙利等国的规划对接工作也全面展开。中国同 40 多个国家和国际组织签署了合作协议，同 30 多个国家开展机制化产能合作。各方通过政策对接，实现了“一加一大于二”的效果。

4 年来，设施联通不断加强。中国和相关国家一道共同加速推进雅万高铁、中老铁路、亚吉铁路、匈塞铁路等项目，建设瓜达尔港、比雷埃夫斯港等港口，规划实施一大批互联互通项目。目前，以中巴、中蒙俄、新亚欧大陆桥等经济走廊为引领，以陆海空通道和信息高速路为骨架，以铁路、港口、管网等重大工程为依托，一个复合型的基础设施网络正在形成。

4 年来，贸易畅通不断提升。中国同“一带一路”参与国大力推动贸易和投资便利化，不断改善营商环境。哈萨克斯坦等中亚国家农产品到达中国市场的通关时间缩短了 90%。2014—2016 年，中国同“一带一路”沿线国家贸易总额超过 3 万亿美元。中国对“一带一路”沿线国家投资累计超过 500 亿美元。中国企业已经在 20 多个国家建设 56 个经贸合作区，为有关国家创造近 11 亿美元税收和 18 万个就业岗位。

4 年来，资金融通不断扩大。中国同“一带一路”建设参与国和组织开展了多种形式的金融合作。亚洲基础设施投资银行已经为“一带一路”建设参与国的 9 个项目提供 17 亿美元贷款，“丝路基金”投资达 40 亿美元，中国同中东欧“16+1”金融控股公司正式成立。这些新型金融机制同世界银行等传统多边金融机构各有侧重、互为补充，形成层次清晰、初具规模的“一带一路”金融合作网络。

4 年来，民心相通不断促进。“一带一路”建设参与国弘扬丝绸之路精神，开展智力丝绸之路、健康丝绸之路等建设，在科学、教育、文化、卫生、民间交往等各领域广泛开展合作，为“一带一路”建设夯实民意基础，筑牢社会根基。中国政府每年向相关国家提供 1 万个政府奖学金名额，地方政府也设立了丝绸之路专项奖学金，鼓励国际文教交流。各类丝绸之路文化年、旅游年、艺术节、影视桥、研讨会、智库对话等人文合作项目百花纷呈，交流往来频繁，拉近了心与心的距离。

丰硕的成果表明，“一带一路”倡议顺应时代潮流，适应发展规律，符合各国人民利益，具有广阔前景。

七、“一带一路”国际合作高峰论坛

2017 年 5 月 14—15 日，中国在北京主办“一带一路”国际合作高峰论坛，来自 29 个国家的国家元首、政府首脑与会，来自 130 多个国家和 70 多个国际组织的 1500 多名代表参会，覆盖了五大洲各大区域。“一带一路”国际合作高峰论坛是“一带一路”框架下最高规格的国际活动，也是建国以来由中国首倡、中国主办的层级最高、规模最大的多边外交活动。

高峰论坛成果丰硕，有很多亮点。概括起来，主要体现在以下几个方面：

一是进一步明确了未来“一带一路”的合作方向。习近平总书记在高峰论坛上发表重要讲话，指出要牢牢坚持共商、共建、共享，让政策沟通、设施联通、贸易畅通、资金融通、民心相通成为共同努力的目标，将“一带一路”建成和平、繁荣、开放、创新、文明之路。

各国领导人普遍对习主席的讲话作出积极回应。圆桌峰会联合公报也将有关理念纳入其中，充分体现出广泛的国际共识。

二是规划了“一带一路”建设的具体路线图。高峰论坛期间，中国同与会国家和国际组织进行了全面的政策对接，签署了几十份合作文件，确立了未来一段时间的重点领域和路径。“一带一路”的宏伟蓝图正在转化为清晰可见的路线图。正如习近平主席在圆桌峰会上所说，中国同各国和区域组织进行的发展规划对接协调，将产生“一加一大于二”的效果。

三是确定了一批“一带一路”将实施的重点项目。通过高峰论坛这个平台，各国之间形成了一份沉甸甸的成果清单，共 5 大类、76 大项、270 多项，其中包括了一长串的合作项目清单。这表明，“一带一路”合作的领域越来越宽广，程度越来越深入。

与此同时，中国作为“一带一路”的首倡国和论坛主办方，在对接政策和发展战略、推进经济走廊建设、加强重大项目合作、加大资金支持等方面提出了多项新举措，体现了中国共建“一带一路”的担当和决心。习近平主席宣布丝路基金新增资金 1000 亿元人民币，鼓励金融机构开展人民币海外基金业务，规模预计约 3000 亿元人民币等。这些资金将以企业为主体，坚持市场化运作，为“一带一路”建设提供更坚实的投融资支持。

第一章
“一带一路”地震安全综述

“丝绸之路经济带”与“21 世纪海上丝绸之路”分别与地中海—喜马拉雅地震带及太平洋地震带西段重合，地质构造复杂，地震活动强度大、频次高、灾害重。1900 年以来，共发生单次死亡千人以上的地震 125 次，累计死亡人数接近 151 万人，分别占同期全世界范围内单次死亡 1000 人以上地震的 67.6% 和 66.2%。“一带一路”沿线大多为发展中国家，经济发展不平衡，对地震及相关自然灾害的认识及防范意识不高，地震灾害预防与应急处置能力不足，即使 6 级左右的中强地震也会造成严重灾情。同时，部分国家地震灾害综合预防能力并没有随着经济社会同步发展，2000 年以后仍然发生了 14 次单次死亡超过千人以上地震，累计死亡 48 万余人。未来，在开展大规模基础设施建设中，地震灾害不容忽视，提高地震灾害综合预防能力也将是保障“一带一路”建设的必然要求。

重大地震灾害分布

由于强度大、频度高的地震活动与人口经济密集地区高度重合，部分国家自然灾害的防范意识和防范能力相对低下，“一带一路”沿线历史上地震灾害频发。造成重大损失的直接原因主要包括平原地区房屋建筑的倒塌、山区地震诱发的滑坡泥石流等地质灾害、近海地区地震导致的大规模海啸等，分别以 1935 年巴基斯坦奎达地震和 1988 年亚美尼亚地震、2004 年印度洋大地震、2005 年克什米尔地震和 2008 年汶川地震为典型代表。地震灾害的一般表现形式为人员伤亡、直接和间接经济损失、社会经济发展的停滞和倒退、灾害处置不当导致的社会动荡等。考虑到灾害评估环节的可操作性和可比性，以地震死亡人员数量来衡量灾害的严重性是一个相对客观和可操作的指标。

1900 年以来地震灾害调查工作逐步规范，地震伤亡人口数字基本可靠。全球累计发生单次死亡 1000 人以上的地震 185 次，其中 125 次发生在“一带一路”沿线国家，其空间分布主要沿欧亚大陆地震带分布，且呈现东强西弱的格局，少数位于太平洋地震带的西段（图 1.1）。其中单次死亡超过 50000 人的 6 次特别重大灾害全部位于亚洲东部地区，中国 3 次（1920 年宁夏海原地震、1976 年河北唐山地震和 2008 年四川汶川地震）、巴基斯坦 2 次（1935 年奎达地震、2005 年克什米尔地震）、印度尼西亚 1 次（2004 年印度洋大地震）。单次死亡 10000 人以上的地震灾害大部分分布在南亚、中亚和西亚地区，包括伊朗（6 次）、中国（3 次）、印度（2 次）、土耳其（2 次）、塔吉克斯坦（1 次）、土库曼斯坦（1 次）、亚美尼亚（1 次）。上述地区未来潜在的地震灾害风险对“一带一路”规划中的六大经济走廊（中蒙俄、新亚欧大陆桥、中国—中亚—西亚、中国—中南半岛、中巴、孟中印缅）和海上丝绸之路的威胁不容忽视。

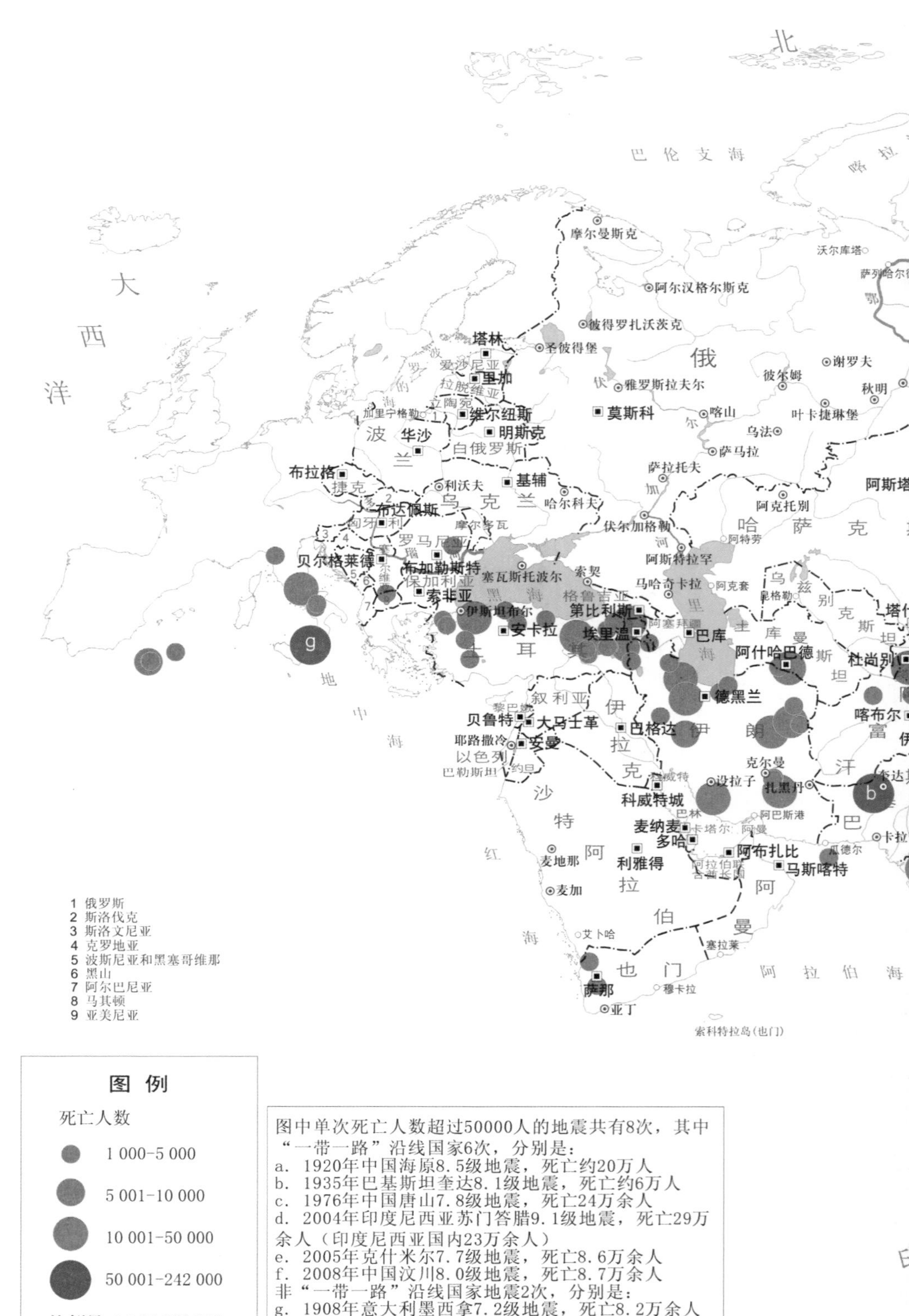

图中单次死亡人数超过50000人的地震共有8次，其中“一带一路”沿线国家6次，分别是：
a. 1920年中国海原8.5级地震，死亡约20万人
b. 1935年巴基斯坦奎达8.1级地震，死亡约6万人
c. 1976年中国唐山7.8级地震，死亡24万余人
d. 2004年印度尼西亚苏门答腊9.1级地震，死亡29万余人（印度尼西亚国内23万余人）
e. 2005年克什米尔7.7级地震，死亡8.6万余人
f. 2008年中国汶川8.0级地震，死亡8.7万余人
非“一带一路”沿线国家地震2次，分别是：
g. 1908年意大利墨西拿7.2级地震，死亡8.2万余人
h. 1923年日本7.9级关东大地震，死亡14万余人

图 1.1　1900 年以来“一带一路”沿线国家及地区单次死亡千人以上地震灾害分布图

冰
洋
拉普捷夫海
东西伯利亚海
诺尔德维克
季克西
卡扎奇耶
安巴奇克
佩韦克
普罗维杰尼亚
杜金卡
奥列尼奥克
勒
上扬斯克
德鲁日纳
日甘斯克
图鲁汉斯克
维柳伊斯克
拿
汉德加
季利哈奇
图拉
米尔内
雅库茨克
马加丹
奥廖克明斯克
鄂霍次克
恰格达
乌斯季堪察茨克
罗
斯
阿尔丹
鄂霍次克海
涅留恩格里
博代博
托木斯克
克拉斯诺亚尔斯克
彼得罗巴甫洛夫斯克
克麦罗沃
伊尔库茨克
赤塔
共青城
巴尔瑙尔
乌兰乌德
博尔贾
克孜勒
哈特嘎勒
达尔汗
满洲里
哈巴罗夫斯克(伯力)
乌兰巴托
乌里雅苏台
乔巴山
蒙
古
哈尔滨
阿尔泰
赛音山达
长春
符拉迪沃斯托克(海参崴)
乌鲁木齐
达兰扎德嘎德
二连浩特
沈阳
清津
哈密
朝
库尔勒
呼和浩特
北京
鲜
日本海
嘉峪关
天津
平壤
若羌
银川
石家庄
首尔
韩
太原
格尔木
西宁
兰州
济南
青岛
国
釜山
太
中
华
人
民
共
和
国
黄海
天水
西安
郑州
合肥
南京
上海
昌都
成都
宜昌
武汉
杭州
东
海
拉萨
重庆
长沙
南昌
廷布
德满都
密支那
贵阳
福州
钓鱼岛
那霸
赤尾屿
孟加拉国
昆明
厦门
台北
度
缅
南宁
广州
深圳
平
达卡
澳门
香港
高雄
加尔各答
吉大港
河内
海防
曼德勒
内比都
东沙群岛
越
海口
布巴内什瓦尔
万象
阿帕里
孟加拉湾
甸
清迈
泰
国
岘港
三沙
仰光
西沙群岛
中沙群岛
菲
曼谷
黄岩岛
马尼拉
柬埔寨
丹老(墨吉)
律
金边
胡志明市
达
宿务
洋
曼
南沙群岛
兰卡
那空是贪玛叻洛坤
三宝颜
宾
达沃
海
文莱
古达
山打根
班达亚齐
怡保
马来西亚
斯里巴加湾市
棉兰
吉隆坡
古晋
打拉根
丹戎勒德布
万鸦老
新加坡
三马林达
特尔纳特
巴东
坤甸(庞提纳克)
索龙
印
度
尼
西
亚
查亚普拉
巨港(巴邻旁)
马辰(班贾尔马辛)
肯达里
洋
安汶(安波那)
楠榜港
雅加达
爪哇海
望加锡
(乌戎潘当)
万隆
泗水(苏腊巴亚)
日惹
帝力
马老奇
英德
古邦
东帝汶
a
c
d
f
h

非“一带一路”沿线国家发生的大地震也可能对“一带一路”沿线国家造成较严重的灾害或产生严重影响。例如 2011 年日本以东海域 9.1 级地震、南美洲智利近海 2010 年和 1960 年两次大地震所造成的海啸，都对西太平洋沿岸的我国台湾、菲律宾、俄罗斯的堪察加半岛以及印度洋的印度尼西亚等沿海地区造成了不同程度的破坏。此外，2004 年印度尼西亚苏门答腊岛外海的印度洋大地震引发的巨大海啸，对除印度尼西亚以外的整个印度洋沿岸地区造成了超过 5 万人死亡的重大损失,最远甚至影响到南非和马达加斯加并造成人员伤亡。

■ 地震灾害成因

板块构造理论告诉我们，地球表面由一系列的刚性板块构成，这些板块之间存在汇聚、扩张和转换三种类型的相对运动，这三种构造运动在地球表面表现为强烈的构造变形和较大的运动速度场，并在地球上形成了环太平洋、地中海—喜马拉雅和大洋中脊三大地震带。“一带一路”沿线大部分国家位于地中海—喜马拉雅地震带和环太平洋地震带西段上，由于印度板块、阿拉伯板块、非洲板块与欧亚板块的碰撞挤压以及太平洋板块向欧亚板块的俯冲挤压，造成地质构造运动强烈、地形地貌剧烈起伏、大地震频发。位于西太平洋沿岸的中国台湾、菲律宾、印度尼西亚苏门答腊岛等的地震活动受控于太平洋板块和菲律宾板块向欧亚板块的俯冲挤压，喜马拉雅一线的地震活动受控于印度板块与欧亚板块的碰撞挤压，而伊朗扎格罗斯山脉—土耳其—希腊南部地区的地震活动则由阿拉伯板块和非洲板块与欧亚板块的碰撞挤压引起（图 1.2）。

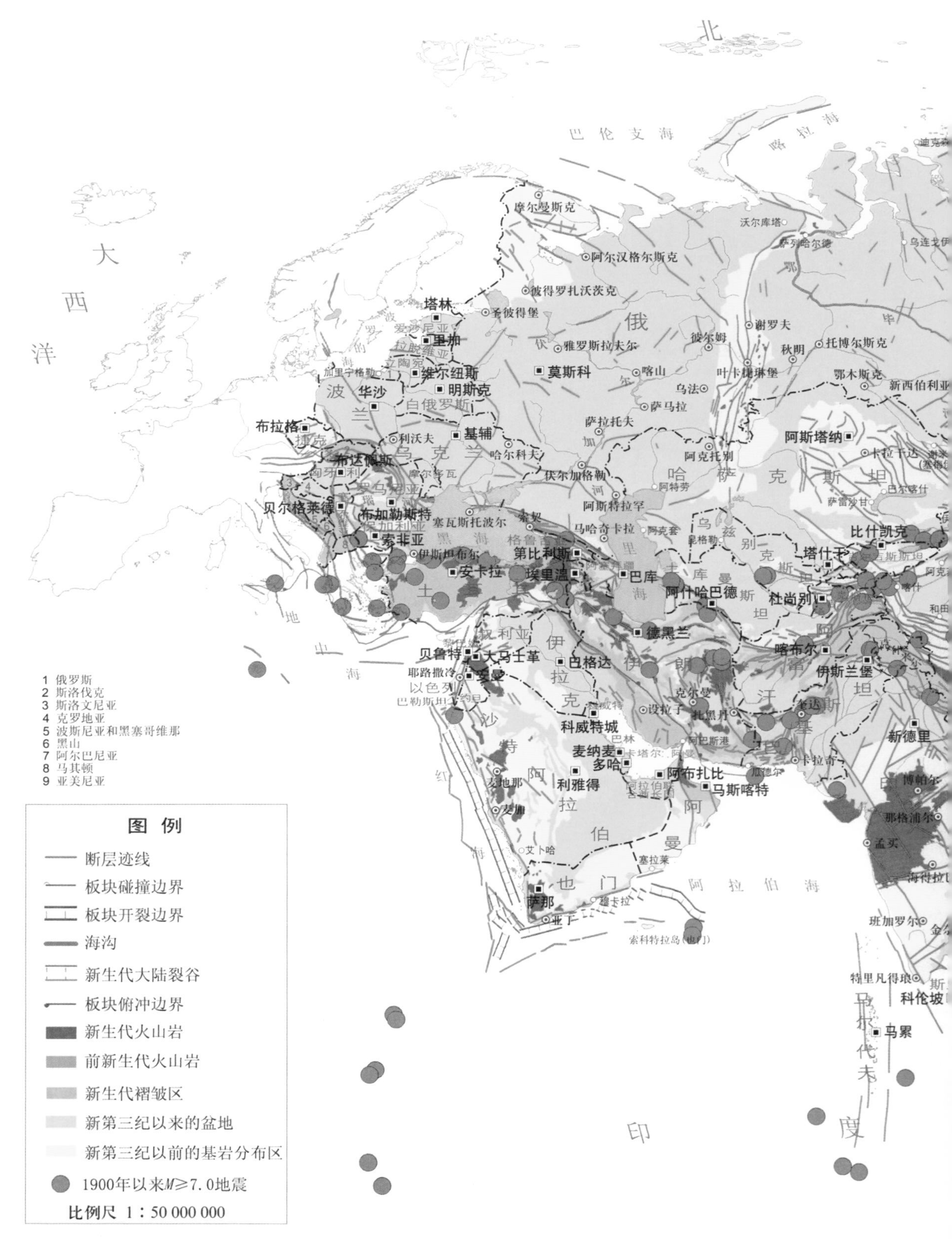

图 1.2 "一带一路"沿线国家及地区地震构造图

冰
洋
拉普捷夫海
东西伯利亚海
诺尔德维克
季克西
卡扎奇耶
安巴奇克
佩韦克
德鲁日纳
普罗维杰尼亚
奥列尼奥克
上扬斯克
日甘斯克
维柳伊斯克
汉德加
图拉
米尔内
雅库茨克
马加丹
奥廖克明斯克
恰格达
鄂霍次克
鄂霍次克海
阿尔丹
博代博
涅留恩格里
彼得罗巴甫洛夫斯克
拉斯诺亚尔斯克
伊尔库茨克
赤塔
共青城
乌兰乌德
博尔贾
哈巴罗夫斯克(伯力)
满洲里
乌兰巴托
雅苏台
乔巴山
哈尔滨
蒙
古
赛音山达
长春
符拉迪沃斯托克(海参崴)
达兰扎德嘎德
沈阳
清津
呼和浩特
北京
天津
平壤
朝
鲜
首尔
韩
国
釜山
银川
石家庄
太原
济南
西宁
兰州
格尔木
人
民
共
和
国
郑州
天水
西安
南京
上海
合肥
杭州
昌都
成都
武汉
重庆
长沙
南昌
福州
贵阳
昆明
厦门
台北
南宁
广州
深圳
澳门
香港
河内
海防
海口
东沙群岛
内比都
万象
曼德勒
仰光
老
挝
泰
国
西沙群岛
中沙群岛
黄岩岛
岘港
越
南
曼谷
马尼拉
柬埔寨
金边
胡志明市
南沙群岛
宿务
达沃
那空是贪玛叻(洛坤)
文莱
斯里巴加湾市
古达
山打根
怡保
马来西亚
吉隆坡
班达亚齐
棉兰
新加坡
古晋
打拉根
丹戎勒德布
万鸦老
三马林达
巴东
坤甸(庞提纳克)
印
度
尼
西
亚
巨港(巴邻旁)
马辰(班贾尔马辛)
望加锡
(乌戎潘当)
安汶(安波那)
查亚普拉
明古鲁
雅加达
万隆
泗水(苏腊巴亚)
爪哇海
日惹
帝力
东帝汶
英德
古邦
马老奇
太
平
洋

“一带一路”沿线国家地震活动的频次高、强度大是其天然属性，地震灾害严重的一个重要原因是人口的高度密集。对比图 1.1 与图 1.2 可以发现，造成重大人员伤亡的地震均分布在人口密集与地震活跃相互叠加的地区（即承灾体暴露度与地震危险性均较高的地区），而中国青藏高原、蒙古西部等大地震频发但人烟稀少、经济不活跃地区则并没有重大地震灾害的记载。“一带一路”沿线国家经济发展水平较低，各类房屋建筑的抗震能力较低是另外一个重要原因。例如南亚的巴基斯坦仅有 15% 不到的房屋抗震能力较好，其余均为抗震能力低下的传统结构形式房屋；印度尼西亚的农村地区大量存在传统砖房，完全凭借经验建造，在地震中常常遭到严重损坏；伊朗农村地区广泛存在的传统石雕建筑屋顶过于沉重，头重脚轻，抗震能力极差；土耳其城市地区的多层公寓因为设计缺陷并且施工质量不好，导致房屋抗震能力低下，在近来的地震中遭到较为严重的破坏。经济发展水平相对较高的新加坡、以色列以及部分东欧国家在房屋建筑抗震设防、地震灾害应急管理等方面也较为突出，但由于没有遭受到大地震影响，其实际效果尚有待检验。

■ 未来地震危险性及灾害风险

地震危险性是对地震影响的量化描述，而地震灾害风险 = 地震危险性 × 承灾体暴露度 × 承灾体易损性，即地震灾害风险受地震危险性、社会财富（人口、房屋建筑等承灾体）暴露程度及其地震易损性等多种因素影响。

按照习近平总书记的要求，地震灾害防范应坚持“以防为主、防抗救相结合”的方针。“防”的基础在于科学合理分析未来可能遭受的地震动影响的量化描述，即地震危险性，通常以 50 年超越概率 10% 的地震动峰值加速度值来表示，其结果与地震活动性、构造活动性、地球物理场及地表形变等地学特征相关，属于自然属性范畴。“一带一路”沿线国家及周边地区的地震危险性分布受地震及构造运动的影响，形成了中国青藏高原及周边、帕米尔高原及周边地区、伊朗扎格罗斯山脉—土耳其—希腊南部地区的地震高危险性地区，以及西太平洋沿岸的中国台湾、菲律宾、印度尼西亚苏门答腊岛等的地震高危险性地区（图 1.3）。规划中的“一带一路”六大经济走廊建设区域均不同程度与上述地震高危险区交叉重叠，因此在后续的投资建设布局、各类建设工程抗震设防标准等工作中都应高度重视所在地区的地震危险性，减少潜在的地震灾害损失、降低未来上述经济走廊基础设施建设的潜在地震灾害风险。

50年超越概率10%的地震动峰值加速度分区值

0.05g 0.10g 0.15g 0.20g 0.30g 0.40g

比例尺 1：50 000 000

印

图 1.3 “一带一路”沿线国家及地区 50 年超越概率为 10% 的地震动峰值加速度分区图

图中各要素的计算方法、分档原则及图面表示方法与 GB 18306—2015《中国地震动参数区划图》一致，可以与国内结果参考使用

冰
洋
拉普捷夫海
东西伯利亚海
诺尔德维克
季克西
卡扎奇耶
佩韦克
安巴奇克
普罗维杰尼亚
杜金卡
奥列尼奥克
德鲁日纳
上扬斯克
日甘斯克
图鲁汉斯克
维柳伊斯克
汉德加
季利哈奇
图拉
米尔内
雅库茨克
马加丹
奥廖克明斯克
鄂霍次克
恰格达
鄂霍次克海
彼得罗巴甫洛夫斯克
罗
斯
阿尔丹
博代博
涅留恩格里
托木斯克
克拉斯诺亚尔斯克
克麦罗沃
巴尔瑙尔
伊尔库茨克
赤塔
共青城
乌兰乌德
克孜勒
哈特嘎勒
达尔汗
博尔贾
满洲里
哈巴罗夫斯克(伯力)
乌兰巴托
乌里雅苏台
乔巴山
蒙
古
哈尔滨
阿尔泰
赛音山达
长春
符拉迪沃斯托克(海参崴)
二连浩特
乌鲁木齐
哈密
达兰扎德嘎德
沈阳
清津
朝
鲜
日本海
库尔勒
呼和浩特
北京
天津
平壤
嘉峪关
银川
石家庄
首尔
韩
若羌
太原
济南
国
釜山
格尔木
西宁
兰州
青岛
黄海
太
中
华
人
民
共
和
国
郑州
天水
西安
合肥
南京
昌都
上海
成都
宜昌
武汉
杭州
东
海
拉萨
重庆
长沙
南昌
尼
廷布
福州
钓鱼岛
那霸
加德满都
密支那
贵阳
赤尾屿
厦门
台北
孟加拉国
缅
昆明
南宁
广州
深圳
度
达卡
澳门
香港
高雄
加尔各答
吉大港
河内
曼德勒
海防
东沙群岛
海口
布巴内什瓦尔
内比都
越
阿帕里
孟加拉湾
清迈
万象
三沙
岘港
西沙群岛
中沙群岛
仰光
泰
国
黄岩岛
南
菲
曼谷
马尼拉
柬埔寨
平
丹老(墨吉)
金边
胡志明市
律
洋
宿务
南沙群岛
那空是贪玛叻(洛坤)
三宝颜
宾
达沃
文莱
斯里巴加湾市
班达亚齐
怡保
马来西亚
曾母暗沙
打拉根
棉兰
吉隆坡
古晋
丹戎勒德布
万鸦老
新加坡
三马林达
特尔纳特
巴东
坤甸(庞提纳克)
索龙
印
度
尼
西
亚
查亚普拉
洋
巨港(巴邻旁)
马辰(班贾尔马辛)
肯达里
安汶(安波那)
楠榜港
雅加达
爪哇海
望加锡
(乌戎潘当)
万隆
泗水(苏腊巴亚)
帝力
日惹
马老奇
英德
东帝汶
古邦

关于未来"一带一路"沿线地震灾害风险，本报告依据全球地震危险性评价结果、2015 年世界人口分布，历史地震震例统计的不同地震动强度作用下的人员死亡率，结合国内外学者开展的区域和国家尺度的地震风险评估，对"一带一路"沿线国家的地震风险程度进行判别分析。由于评价原则方法和对资料的掌握程度差异较大，且灾害风险指标也不局限于人口伤亡信息，我国未来地震灾害发生风险的研究成果与"一带一路"沿线其他国家缺乏可比性，因此在后文中的未来地震灾害风险评估内容将不涉及中国，只对"一带一路"沿线国家进行对比分析和讨论。

以分区为单元综合判定平均年地震死亡人数（AAD）和平均年地震死亡风险（AAR），"一带一路"各分区地震相对风险为（图 1.4，表 1.1）：

（1）相对甚高地震风险分区：南亚；

（2）相对高地震风险分区：西亚，东南亚；

（3）相对中等地震风险区：中亚，其他国家，欧洲；

（4）相对低地震风险区：东亚（不包含中国）。

值得注意的是，由于地震风险具有较强的空间分布不均匀性，地震风险相对较低的分区，其中也有局部地区地震风险较高；同样，地震风险相对较高的分区，其中也有局部地区地震风险较低。后续各章中，按照以国家为单元评估的 AAD（475 年重现期）大小，进行地震风险评估，结果分为四级：

（1）地震灾害高（A 级）风险国家：AAD ≥400 人；

（2）地震灾害较高（B 级）风险国家：100 ≤ AAD ＜400；

（3）地震灾害中等（C 级）风险国家：10 ≤ AAD ＜100；

（4）地震灾害低（D 级）风险国家：AAD ＜10。

其中：地震风险最高的前 10 位"一带一路"沿线国家包括印度、土耳其、印度尼西亚、伊朗、菲律宾、巴基斯坦、乌兹别克斯坦、尼泊尔、孟加拉国和缅甸。其中相对较高地震危险性的地区有较大数量暴露人口，是造成高地震灾害风险的主要原因。

表 1.1　“一带一路”沿线国家及地区历史地震灾情与未来地震风险评估（475 年重现期）

“一带一路”分区	土地面积 / 10^4km^2	人口 / 万人	历史记载千人以上死亡事件			未来地震风险程度
			事件数	单次事件最大死亡人数 / 万人	死亡总人数 / 万人	
东亚 *	180	7812				低
东南亚	449	62490	17	30	57.71	高
南亚	426	170210	18	21.5	44.68	甚高
中亚	465	10237	11	1.98	7.15	中等
西亚	659	32955	133	110	466.44	高
欧洲	219	18129	6	0.6	1.86	中等
其他国家 **	2069	39694	8	0.4	13.02	中等

* 不包含中国。

** 其他国家包括俄罗斯、埃及、埃塞俄比亚、南非、新西兰。

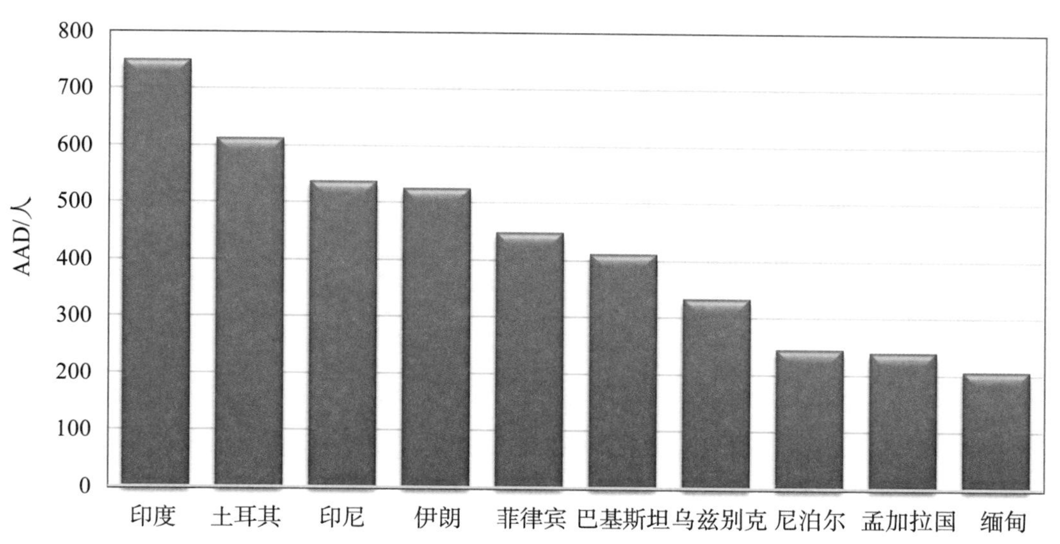

图 1.4　“一带一路”沿线平均年地震死亡人数 (AAD) 排名前 10 位的国家
（以国家为统计单元，475 年重现期）

地震灾害应急管理

“一带一路”沿线国家的灾害种类及程度不同，应急救援能力与灾害管理水平也有较大差别，其主要受到国家经济发展及国家管理水平、自然灾害灾种及影响严重程度等的制约。

东亚地区中韩国起步较早，各方面制度、法规相对完善，灾害应急管理能力较强；蒙古则救援能力比较薄弱，灾害应急管理及专业救援能力亟待提高。东南亚地区的新加坡在地震灾害专业救援队伍建设方面一直走在国际前沿，其救援队也是较早通过联合国重型救援队伍测评的亚洲救援队（2013），除了积极参与地震灾害等国际人道主义救援事务之外，还通过联合国际双边途径为其他国家提供培训等技术援助。其他国家，如马来西亚、印度尼西亚等国的地震应急救援能力也在逐渐提高，救援队伍不断发展壮大，队伍建设逐步与国际标准接轨。南亚地区的灾害应对体系近些年有了较大发展，但地震灾害应对能力总体仍偏弱，尤其是在地震专业救援队伍建设及与国际标准接轨方面进展缓慢，印度、尼泊尔等国均没有国际注册的专业队伍，在近些年的地震灾害应对中，主要依靠国际援助。

受俄罗斯的影响，中亚各国在政府部门中都设立了紧急情况部，负责全国的灾害管理和应对工作，对有效减轻灾害损失、提高减灾救灾的国家综合能力发挥了重要作用，是社会经济发展的基础保障；但受经济发展缓慢等因素及管理体制方面弊端的影响，这些国家应对灾害的能力仍有很大的提升空间。西亚地区包括海湾国家、以色列以及独联体国家，如亚美尼亚、阿塞拜疆等。其中，独联体国家继承了苏联和俄罗斯的应急管理体制，一般建立有紧急情况部，负责统一协调突发事件应对处置；海湾石油国家经济基础雄厚，经济社会发达，而且自然灾害总体较弱，除长期处于战争状态的伊拉克、巴勒斯坦外，其他国家的应急体系一般能应对自然灾害的威胁。

“一带一路”在中、东欧地区的国家主体可分为欧盟成员国和独联体国家；独联体国家如乌克兰、白俄罗斯主要沿袭苏联、俄罗斯的灾害应对和应急体制，由紧急情况部统一负责应对自然灾害等突发事件。

欧盟国家如捷克、克罗地亚等，主要是在欧盟民事保护机制下，由欧盟牵头统一开展灾害应对处置。其他一些国家，如土耳其，则依据自己的国家特点建立响应的灾害应对体制。此外，俄罗斯联邦紧急状态部机构健全，从中央到地方，从首都到各大城市都成立了健全的紧急状态机构，紧急状态部有若干内部设施和机构，其中比较重要的是地区性中心，减灾指挥中心还配有专门的计算机，负责处理分析来自各分支机构或相关部门提供的信息，及时发布预警或公布灾情的相关数据，促进减灾工作的开展；俄罗斯国家救援队 2011 年通过联合国重型救援队伍测评，总人数达 600 人。

对“一带一路”典型国家以及所在区域地震应急救援能力情况的对比，可以看出，某些国家，例如韩国、新加坡等，地震救援能力及灾害管理水平相对较高，救援力量也比较充足，但是所处区域灾害相对较少，实战经验会略显不足。同时，部分地震或其他自然灾害比较频繁的区域，有较多国家经济水平相对落后，其地震救援能力及灾害管理水平也相对较低。例如蒙古，还没有专业的救援队伍，在救援能力及各类专业装备方面也均比较落后。而像印度尼西亚、哈萨克斯坦等国家虽然建有专业救援队伍但是仍未通过国际权威机构的测评，队伍能力及规模都具有一定的限制性。还有些国家至今仍未建立自己的专业救援队伍，如有较为严重灾害发生，基本依靠外部或其他国家救援，例如巴基斯坦、尼泊尔等国家，应对大灾、巨灾的能力及灾害管理水平亟待提高。近几年，区域内各国间的国际合作开展较多，如东盟国家专门出台了一系列关于地区间灾害应对与救援合作的政策文件，建立了一些颇为成功的多边机制，加强了地区间国家以及与对话伙伴和其他国际组织的合作，使得地区总体应对自然灾害的能力得到有效提升。另外，中国和中亚国家在上海合作组织框架内，开展了定期的减灾及应急领域的合作，取得的进展和成效明显，联合培训、演练等活动的开展，推动了地区间国家建立协调顺畅的应对灾害等突发事件的合作机制。

■ “一带一路”沿线国家地震活动及地球物理场监测

对地震活动、地球物理场和地壳运动变形情况的实时精准监测，是开展“一带一路”沿线国家地震灾害风险及地震安全对策研究的重要基础。本报告收集分析了亚欧大陆及相关海域的地震监测能力资料和重力异常、地磁异常数据，供相关研究参考使用。

我国对“一带一路”沿线国家的地震监测主要依赖于 GSN、IMS 等国际台网及其数据共享服务，近年来，通过援外项目，在南亚北部及东南亚地区又建设了部分地震监测台站，对于提高当地的地震监测能力起到了重要的作用。“一带一路”沿线国家独立建设且不提供监测数据国际共享的地震监测台网，其监测能力没有包括在本报告中。基于上述我国可用的地震监测台站，“一带一路”沿线国家及周边地区能够保证监测到 5 级地震，计算得到的理论监测能力（图 1.5）的分布与台站分布高度相关。“一带一路”沿线分区域理论地震监测能力，将在后续章节分区域详述。

布格重力异常既是矿产资源勘察的基础数据，同时也是构造运动等科学研究的重要数据。布格重力正异常，反映地下物质质量的“盈余”，常常分布在海洋区域；布格重力负异常，则反映地下物质质量的“亏损”，常常分布在山区；布格重力异常变化剧烈或梯级带区域，反映地下物质结构的转换过渡，多对应构造板块边界、断裂带、地震带分布。

基于全球 WGM12 重力异常模型，我们得到了“一带一路”沿线国家的重力异常数据，见图 1.6。“一带一路”沿线国家及周边地区的布格重力异常，在陆地上多呈现负异常，在海洋上则为正异常。典型的区域布格重力异常包括：青藏高原周边地区和蒙古高原西部等地区的极低异常及异常梯级带、太平洋海域与大陆交界处的异常梯级带、欧洲和西亚地区沿伊朗扎格罗斯山脉—土耳其东南 / 西南沿岸—希腊南部的异常及梯级带等。“一带一路”沿线国家及周边地区的分区域布格重力异常特征，将在后续章节分区域详述。

1 俄罗斯
2 斯洛伐克
3 斯洛文尼亚
4 克罗地亚
5 波斯尼亚和黑塞哥维那
6 黑山
7 阿尔巴尼亚
8 马其顿
9 亚美尼亚

比例尺 1：50 000 000

图 1.5 "一带一路"沿线国家及地区部分台网理论地震监测能力分布图

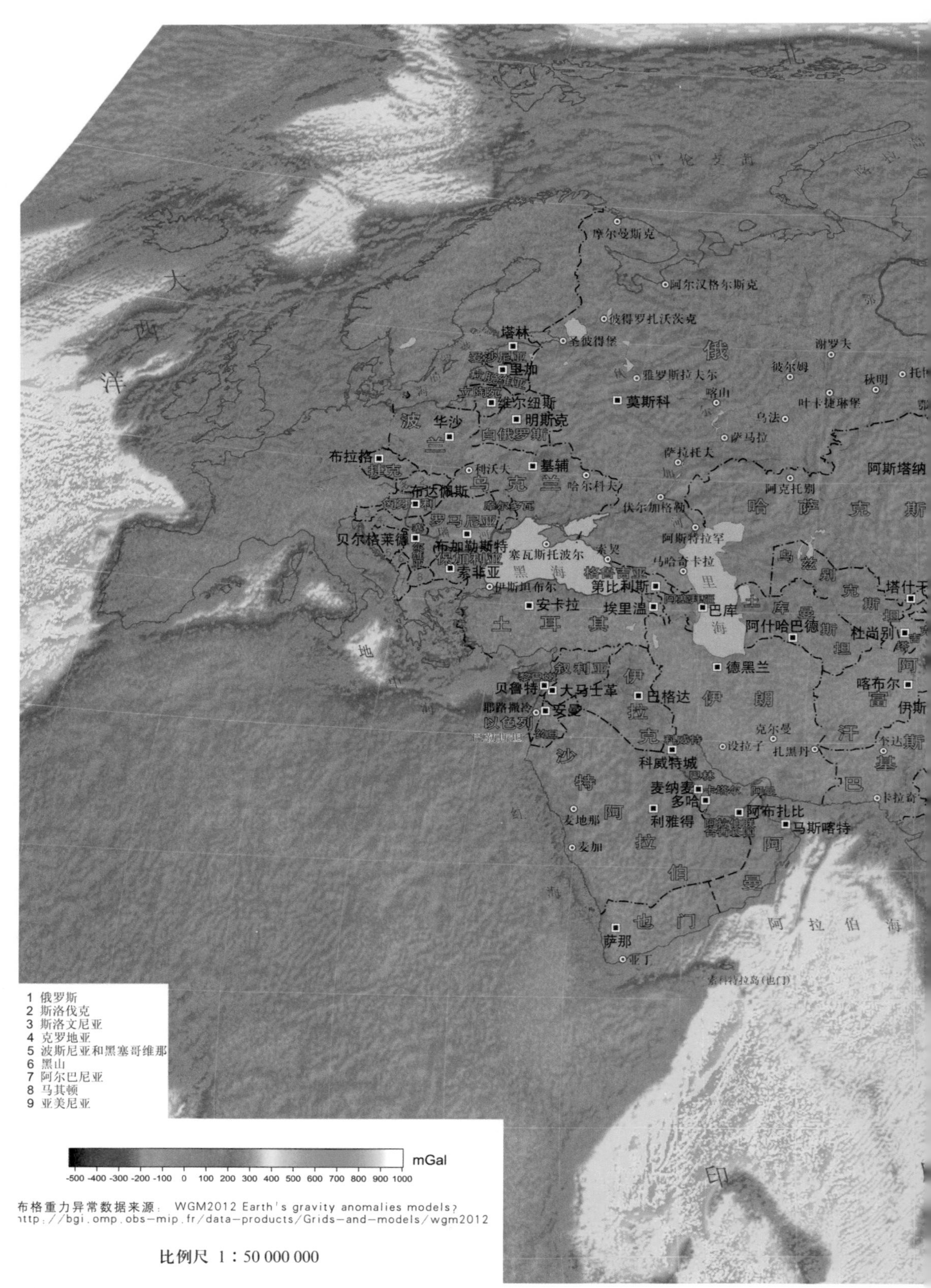

图 1.6 "一带一路"沿线国家及地区布格重力异常分布图

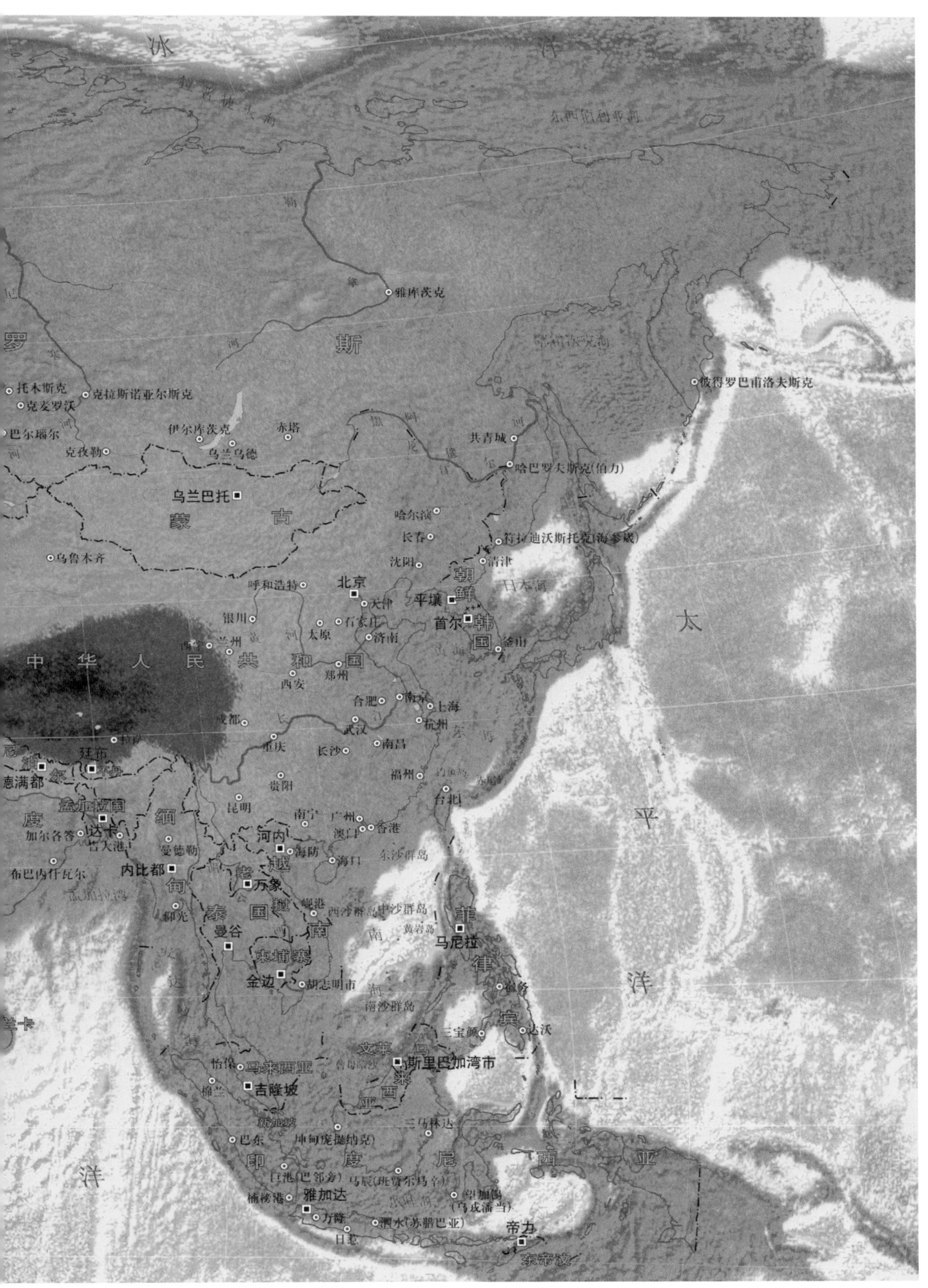
冰
洋
罗
斯
雅库茨克
彼得罗巴甫洛夫斯克
托木斯克
克拉斯诺亚尔斯克
克麦罗沃
伊尔库茨克
赤塔
巴尔瑙尔
乌兰乌德
克孜勒
共青城
哈巴罗夫斯克(伯力)
乌兰巴托
蒙
古
哈尔滨
长春
符拉迪沃斯托克(海参崴)
乌鲁木齐
沈阳
清津
呼和浩特
北京
天津
平壤
朝
鲜
日本海
太
银川
石家庄
首尔
韩
国
兰州
太原
济南
釜山
中
华
人
民
共
和
国
西安
郑州
合肥
南京
上海
成都
武汉
杭州
重庆
长沙
南昌
廷布
福州
加德满都
贵阳
台北
昆明
缅
南宁
广州
平
孟加拉国
达卡
澳门
香港
加尔各答
吉大港
曼德勒
河内
海防
越
东沙群岛
海口
内比都
布巴内什瓦尔
万象
甸
泰
国
岘港
西沙群岛
中沙群岛
仰光
曼谷
黄岩岛
南
马尼拉
柬埔寨
律
金边
胡志明市
洋
南沙群岛
宿务
宾
三宝颜
达沃
文莱
马来西亚
斯里巴加湾市
怡保
吉隆坡
棉兰
三马林达
巴东
坤甸
印
度
尼
西
亚
洋
巨港(巴邻旁)
马辰(班贾尔马辛)
雅加达
乌戎潘当
万隆
泗水(苏腊巴亚)
帝力
日惹
东帝汶

地磁场是最基本的地球物理场之一。地磁异常现象的观测与研究是地下结构和地壳构成研究的有效手段，是广泛应用于板块构造与深地幔的地壳相互作用等地球演化方面的科学研究。地磁异常图可有效揭示地下结构和地壳构成，与地下结构、地壳构成、板块构造等相关，海洋地磁异常趋势则能揭示海洋地壳的时间演化，并广泛应用于地质科学和资源勘探。因此，地磁异常同样是地球构造运动、地震活动性及强震灾害研究的地球物理场重要基础数据。

基于 EMAG2 地磁异常模型，我们得到了"一带一路"沿线国家及周边地区的地磁异常数据，见图 1.7。"一带一路"沿线国家及周边地区的地磁异常，整体上呈正负异常相间分布，和区域活动构造、地震断裂、地球深部结构等相关。同时上述范围内地磁异常数据精度差异较大且缺失严重，东亚地区的中国青藏高原、朝鲜、蒙古西部，东南亚地区的印度尼西亚、缅甸，南亚地区的尼泊尔、巴基斯坦，西亚地区的沙特阿拉伯、也门，欧洲的保加利亚等区域数据缺失。"一带一路"沿线国家及周边地区各区域地磁异常特征，将在后续章节分区域详述。

地球内部的构造运动伴随着地壳表层的运动和变形。全球定位系统（GPS）作为广泛和高精度的观测手段，能够比较直观地观察地壳水平运动趋势与地表运动速度相对差异、了解该地壳变形能量积累与释放特征，进而判断地壳深部的构造运动及地震活动的相关关系，为区域地震安全评估及社会经济发展提供支持。“一带一路”沿线国家范围内分布了诸多GPS观测台站，包括长期台站与流动台站，为持续观测沿线国家地壳运动提供了支持，也为沿线国家的地震安全评估带来帮助。

通过收集整理各国科研人员公开发表的研究论文和研究报告中提供的观测数据，本报告整理了“一带一路”沿线国家地表变形数据，见图 1.8。图中位于板块边界附近、具有较大GPS 水平速度的地区，通常是地震多发的地带。也有 GPS 水平速度虽然较小但地震频发甚至大震发生的地区，如中国华北地区、青藏高原及其周缘地区，也是地震安全应关注的重点区域。本报告在论述亚洲与欧洲国家的 GPS 水平速度场时，选取欧亚稳定参考框架作为参考系统。

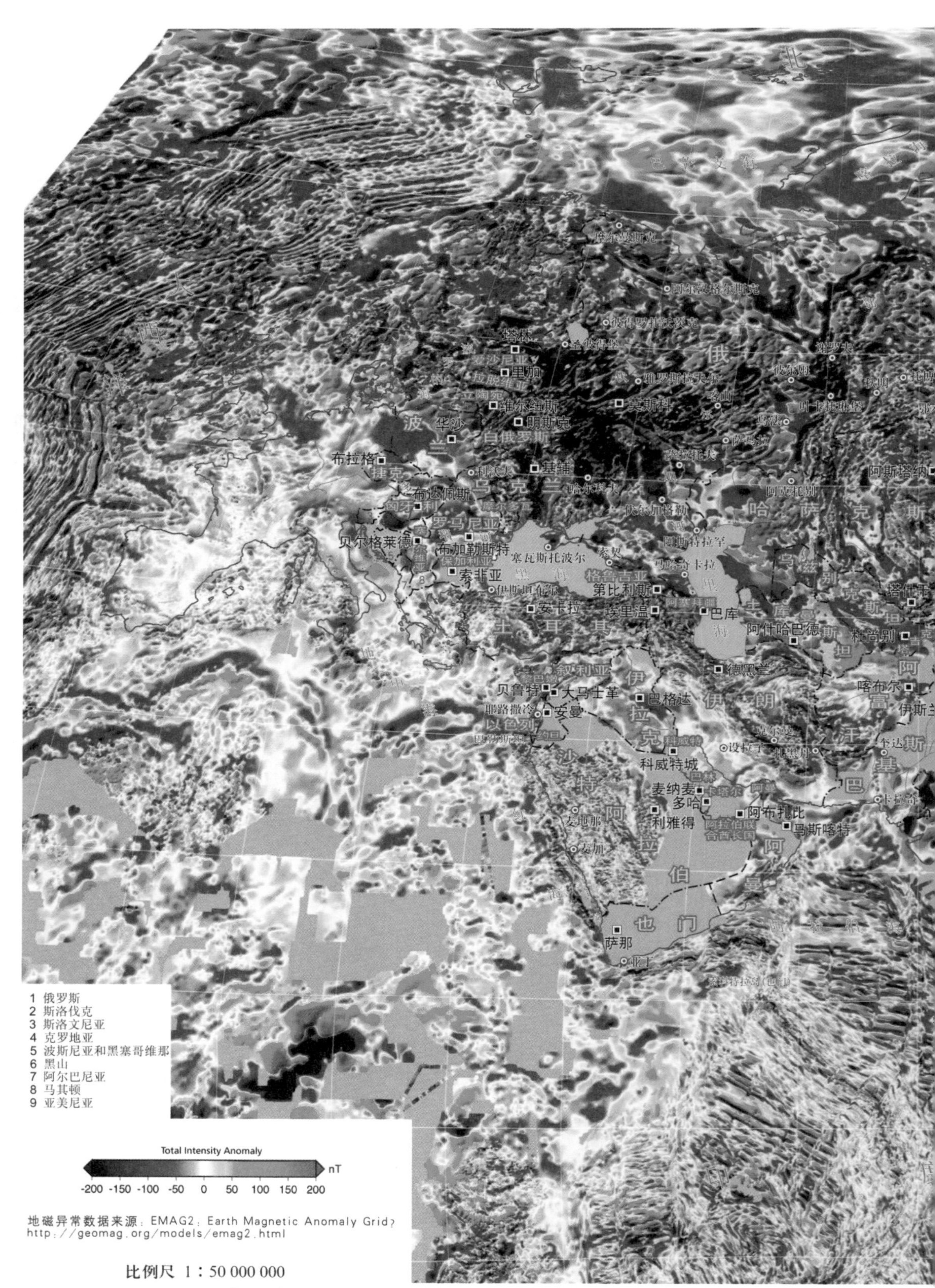

莫斯科
明斯克
白俄罗斯
维尔纽斯
里加
华沙
波兰
布拉格
捷克
基辅
乌克兰
布达佩斯
罗马尼亚
贝尔格莱德
布加勒斯特
保加利亚
索非亚
塞瓦斯托波尔
第比利斯
埃里温
巴库
安卡拉
土耳其
阿什哈巴德
德黑兰
贝鲁特
大马士革
耶路撒冷
安曼
以色列
巴格达
伊拉克
伊朗
科威特城
麦纳麦
多哈
利雅得
阿布扎比
马斯喀特
沙特阿拉伯
也门
萨那
阿斯塔纳
哈萨克斯坦
喀布尔
伊斯兰
1 俄罗斯
2 斯洛伐克
3 斯洛文尼亚
4 克罗地亚
5 波斯尼亚和黑塞哥维那
6 黑山
7 阿尔巴尼亚
8 马其顿
9 亚美尼亚
Total Intensity Anomaly
-200 -150 -100 -50 0 50 100 150 200
nT
地磁异常数据来源：EMAG2：Earth Magnetic Anomaly Grid？
http：//geomag.org/models/emag2.html
比例尺 1：50 000 000

图 1.7 "一带一路"沿线国家及地区地磁异常分布图

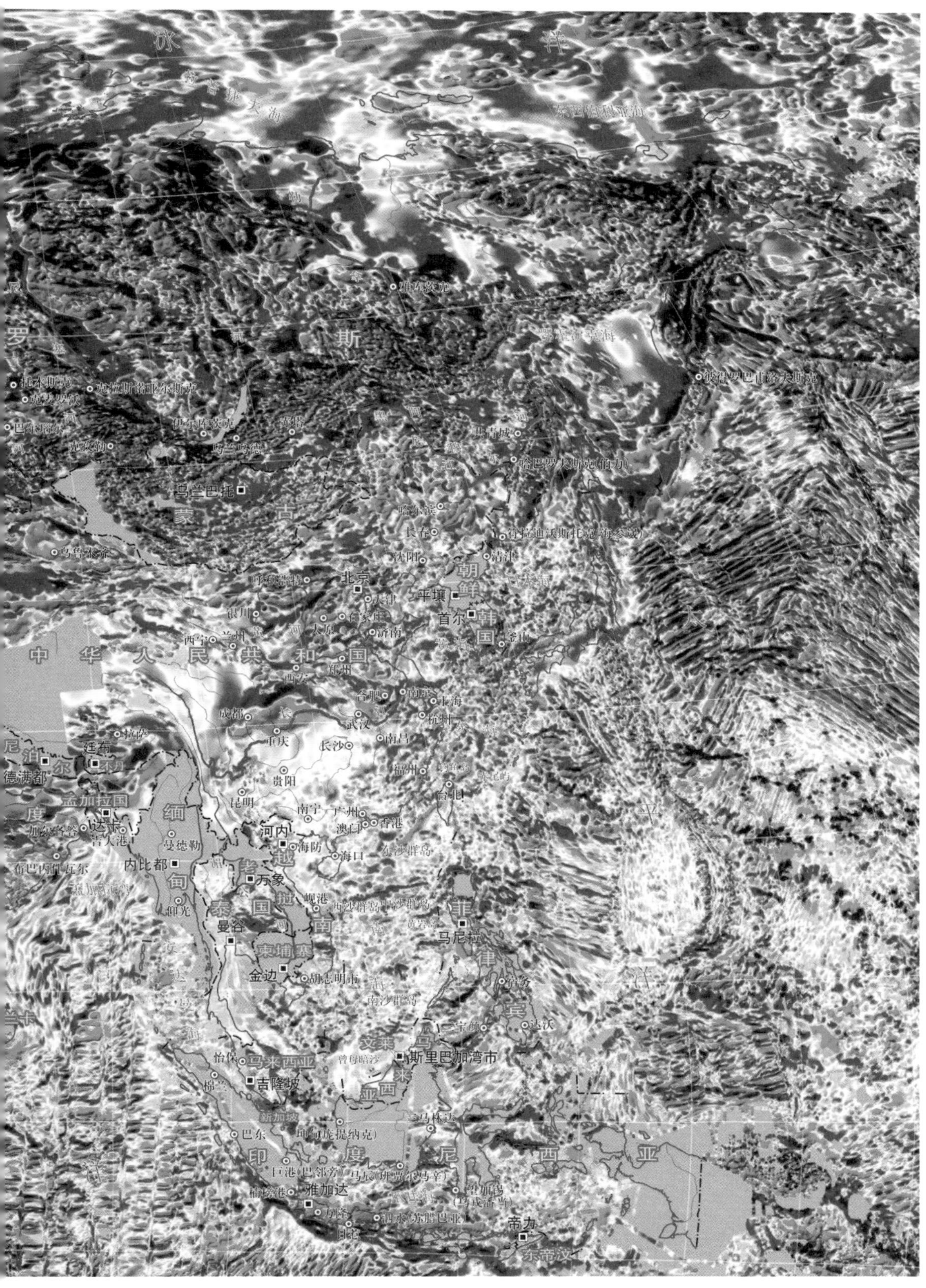
冰
洋
罗
斯
乌兰巴托
蒙
古
北京
平壤
朝
鲜
首尔
韩
国
中
华
人
民
共
和
国
成都
重庆
长沙
武汉
上海
贵阳
昆明
广州
香港
澳门
海口
河内
孟加拉国
达卡
缅
甸
内比都
曼德勒
仰光
老
万象
越
泰
国
曼谷
柬埔寨
金边
菲
律
宾
马尼拉
马来西亚
吉隆坡
文莱
斯里巴加湾市
新加坡
印
度
尼
西
亚
雅加达
帝力
东帝汶

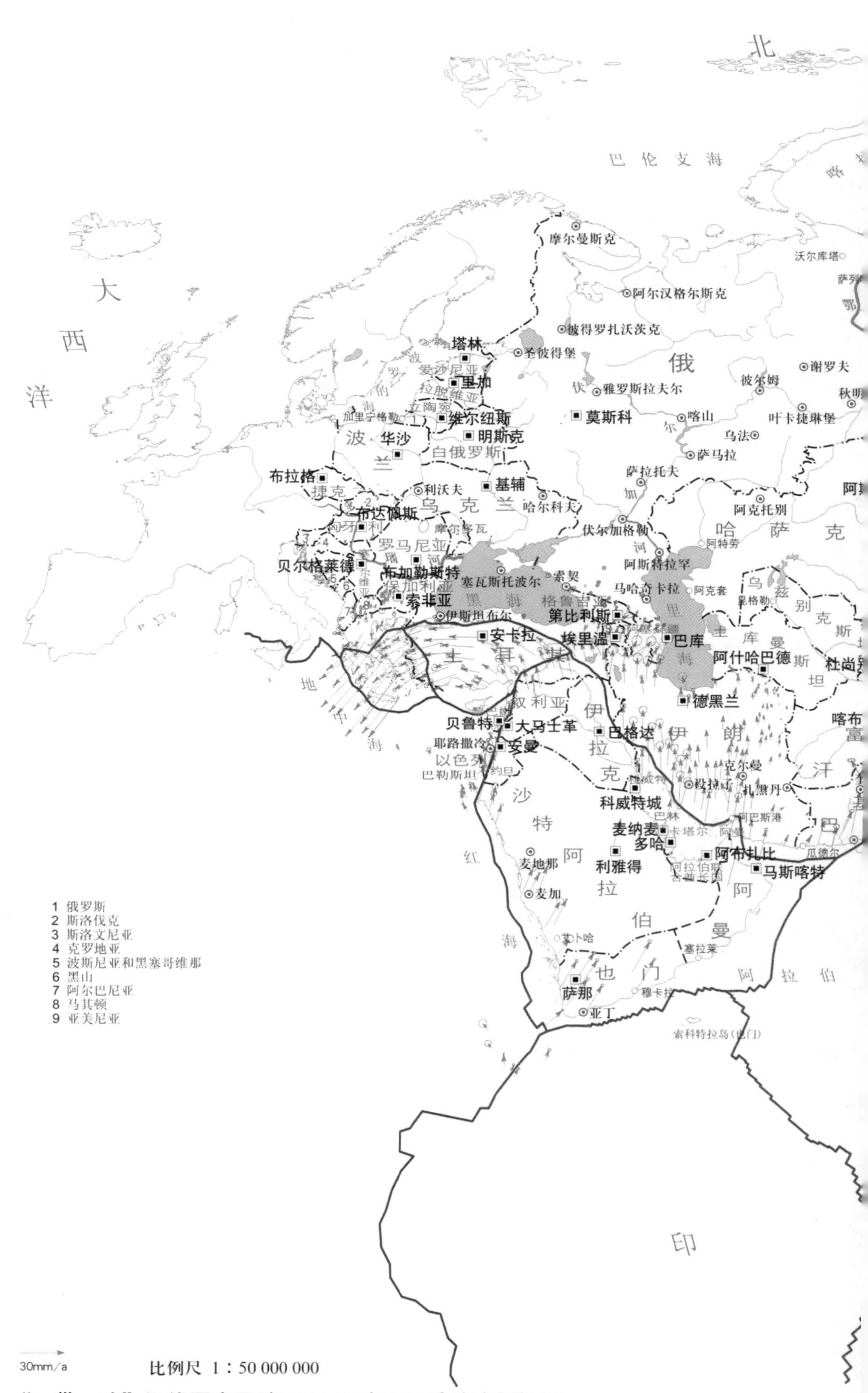

图 1.8 "一带一路"沿线国家及地区 GPS 水平运动速度场概图

“一带一路”沿线国家中位于东亚的包括：中华人民共和国、蒙古国、朝鲜民主主义人民共和国、大韩民国，共 4 个国家。

第二章 东亚地区地震安全概况

东亚地区位于欧亚板块东南，东与太平洋板块相邻，西与印度板块相接，受西部印度—欧亚板块的陆陆碰撞和东部西太平洋板块俯冲影响，地震活动强度大、频次高，大陆地区强震主要沿青藏高原周边、蒙古西部到我国新疆西部一线、我国华北地区分布。上述四国大地震频发地区与人口和经济高度重合，尤其是中国和蒙古两国，历史上由于经济发展水平问题，房屋建筑抗震能力一般，造成历史上地震灾害严重。随着东亚地区经济社会发展水平的持续高速发展，地震灾害防御能力和应急管理能力逐步提高，未来地震高风险的状况将会逐步改善。

地震活动与地震构造

1. 区域地震活动与地震构造

印度板块与欧亚板块的陆陆碰撞造成喜马拉雅山脉的形成和青藏高原的抬升，导致青藏高原东、南部构造块体沿东西走向的弧形走滑断裂系向南东方向的大规模挤出以及块体前缘祁连山、秦岭、六盘山、龙门山等山脉的快速隆升，并引发强烈地震。同时，印度板块与欧亚板块的陆陆碰撞及其向北的持续推挤，在塔里木和准噶尔两个稳定块体之间形成东天山造山带以及蒙古与中国新疆境内的阿尔泰山脉，诱发频繁的地震活动。

太平洋板块沿千岛群岛—日本岛弧—马里亚纳群岛一线向西俯冲，使中国华北地区形成一系列北北东走向的断陷盆地，沉积了巨厚的陆相沉积物，并形成包括郯庐断裂带在内的北北东向的地震带，历史上强震频发，灾害严重。南中国海块体在马尼拉海沟向菲律宾下的俯冲以及菲律宾板块向台湾岛下的西向俯冲，控制着我国台湾岛东、西部沿岸的强烈地震活动。

据现有资料，自公元前 999 年至今，中国大陆及周边地区记录到 6.0 级以上地震共 1193 次，其中 8.0 ~ 8.9 级地震 23 次，7.0 ~ 7.9 级地震 188 次。蒙古自 1900 年至今，记录到 6.0 级以上地震共 17 次，其中 8.0 ~ 8.9 级地震 3 次，7.0 ~ 7.9 级地震 4 次；6.0 级以上地震主要集中在蒙古西部地区，与我国新疆东部地区地震活动存在一定的构造联系(图 2.1，图 2.2)。

2. 地震监测能力

东亚四国的地震监测能力以中国东部地区最高，能够保证整体 3 级地震不遗漏、局部地区 2.5 级地震不遗漏；中国和朝鲜、韩国陆域地区能保证 4 级地震不遗漏；监测能力最差的蒙古西部地区只能确保 5 级地震不遗漏。地震监测能力与台网密度密切相关，监测能力低的地区都是远离监测台网的地区，例如蒙古西部、中国的藏北无人区和塔克拉玛干沙漠的中心地区。出于图幅考虑，图 2.3 中中国境内地震监测台站只给出 GSN、IMS 台站，没有给出中国数字地震台网台站。

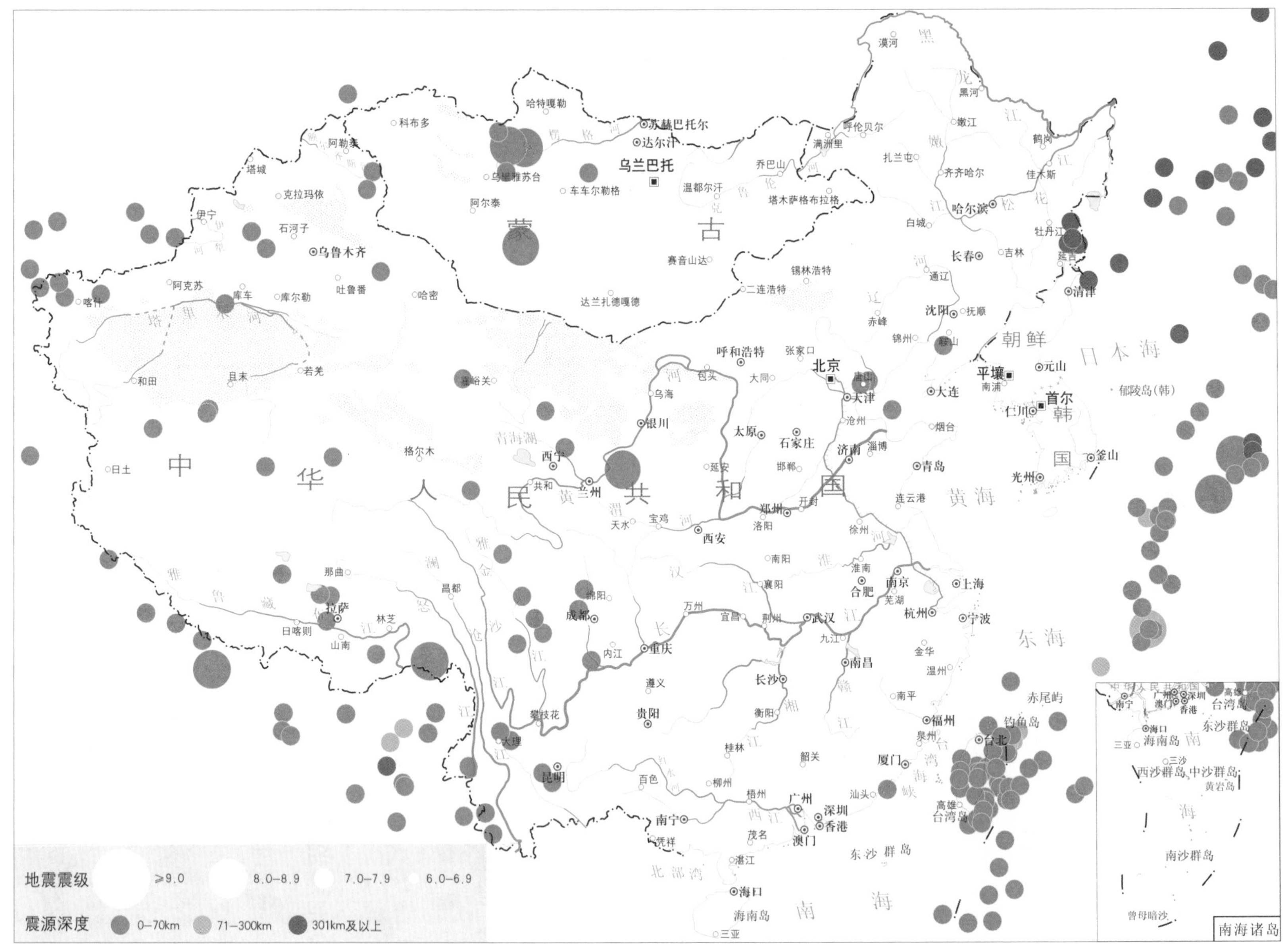

图 2.1 东亚 4 国及周边有文字记载以来 6.0 级以上地震震中分布图

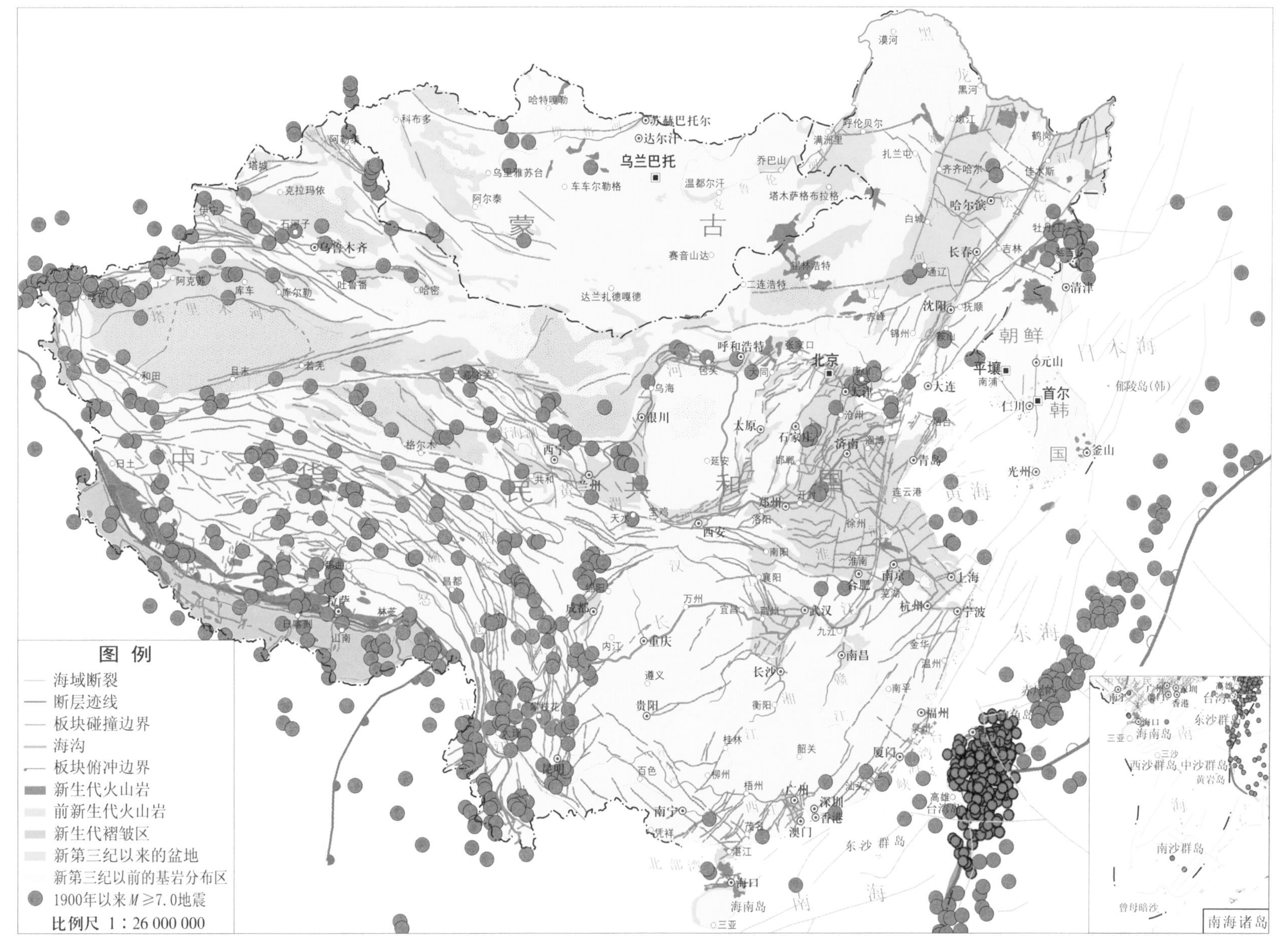

图 2.2　东亚 4 国及周边地震构造图

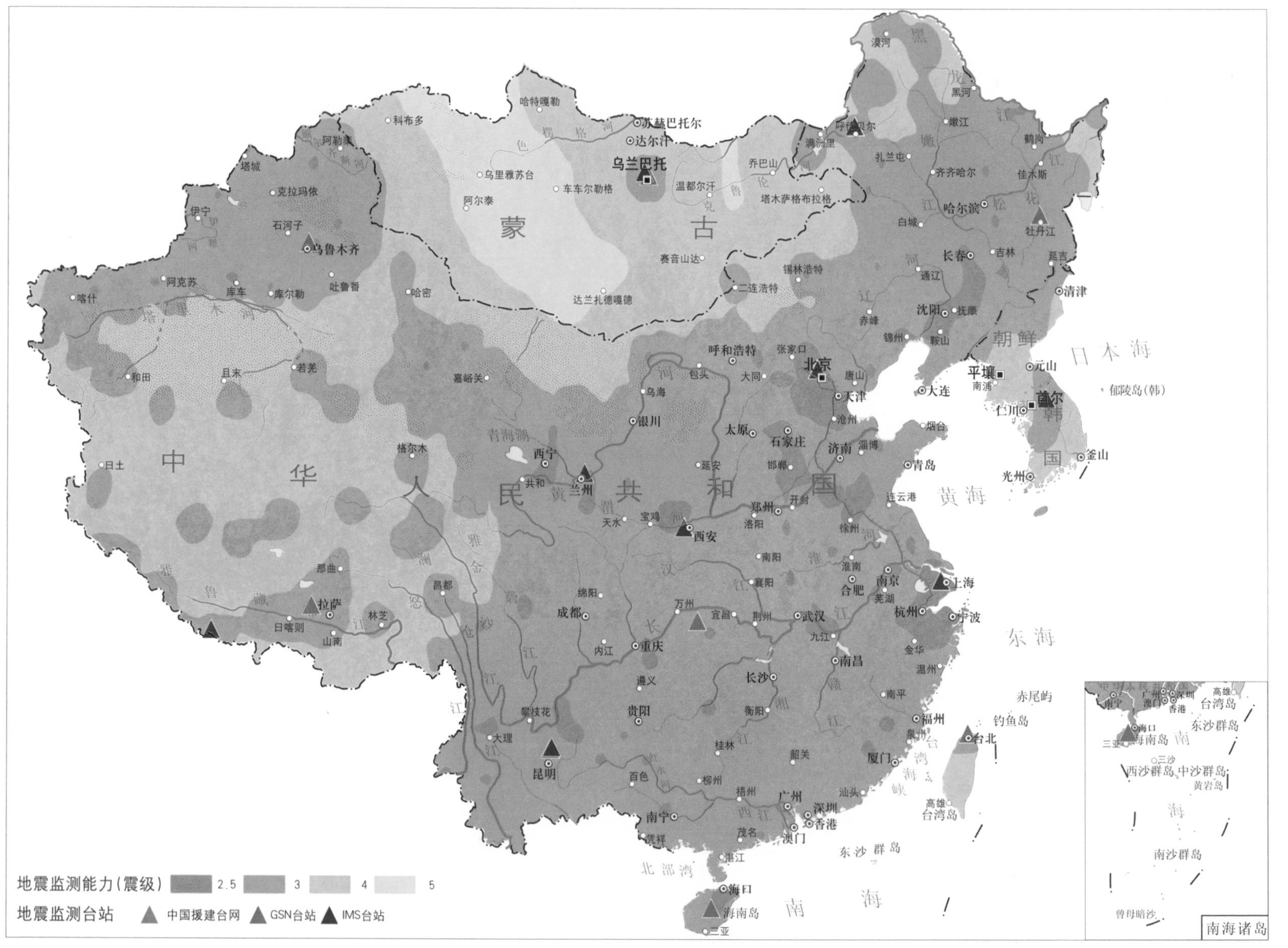

图 2.3　东亚 4 国理论地震监测能力分布图

地震危险性及地震灾害

1. 地震危险性

东亚 4 国的地震危险性总体上西部高于东部。蒙古西部、中国西部处在欧亚地震带上，中国台湾处在环太平洋地震带上，这些地区的地震危险性在东亚地区为最高，中国华北地区地震危险性较高。而蒙古东部、中国东北和华南、朝鲜半岛的地震危险性相对较低（图 2.4）。

2. 地震灾害概述

东亚地区地理特征表现为自然地理诸要素的多样性和复杂性，多山，且多火山、地震。与地震构造背景和人口经济分布相关，上述四国中重大地震灾害主要集中在中国和蒙古两国境内，典型的灾害事件包括中国 1556 年陕西华县 8.3 级地震（单次死亡 83 万人）、1976 年唐山 7.8 级地震、2008 年汶川 8.0 级地震，蒙古 1905 年车车尔勒格 7.8 级地震等。相对来说，朝鲜和韩国地震活动性较弱，地震灾害相对较轻（图 2.5）。

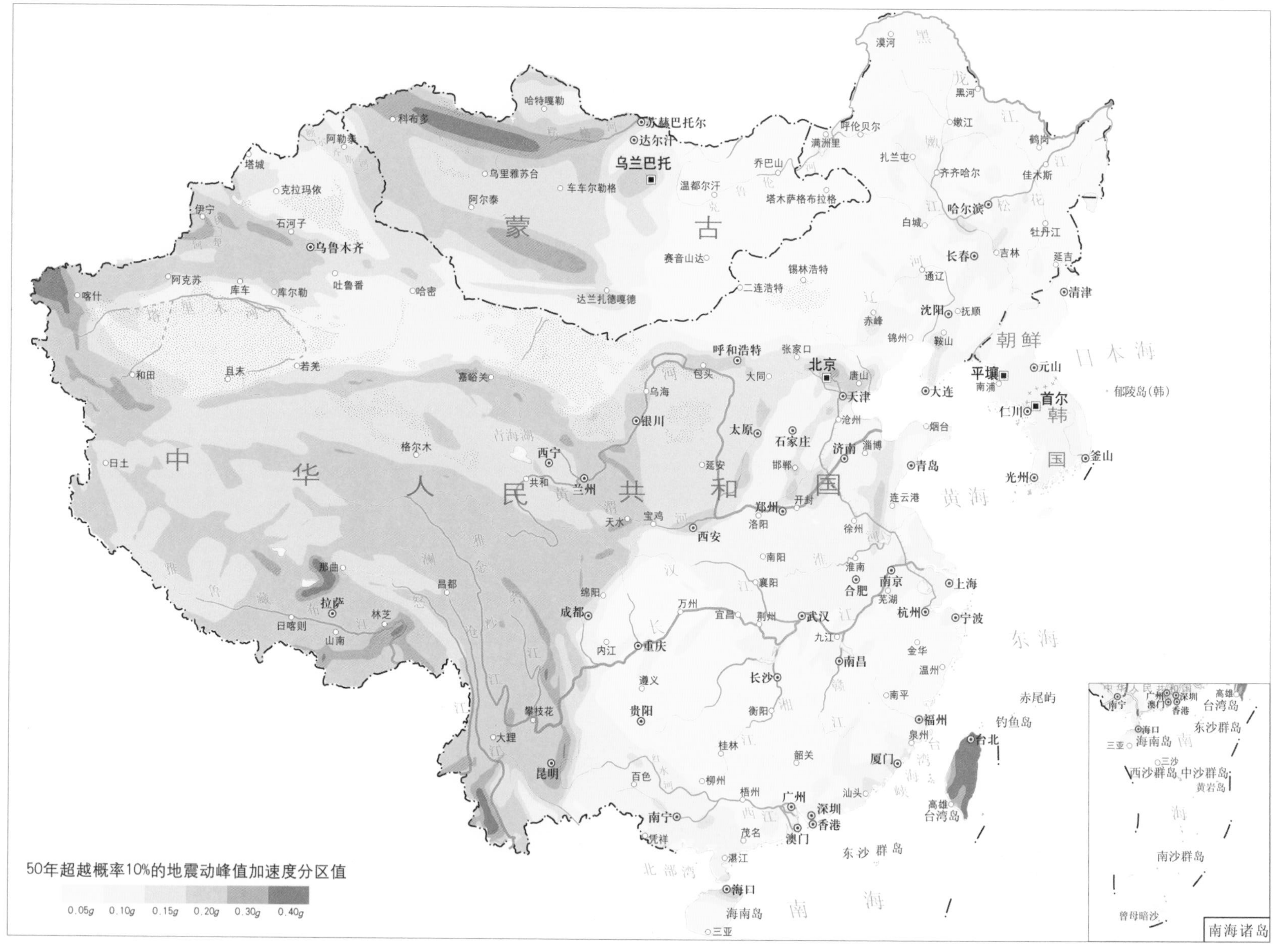

图 2.4 东亚 4 国 50 年超越概率 10% 的地震动峰值加速度分区图

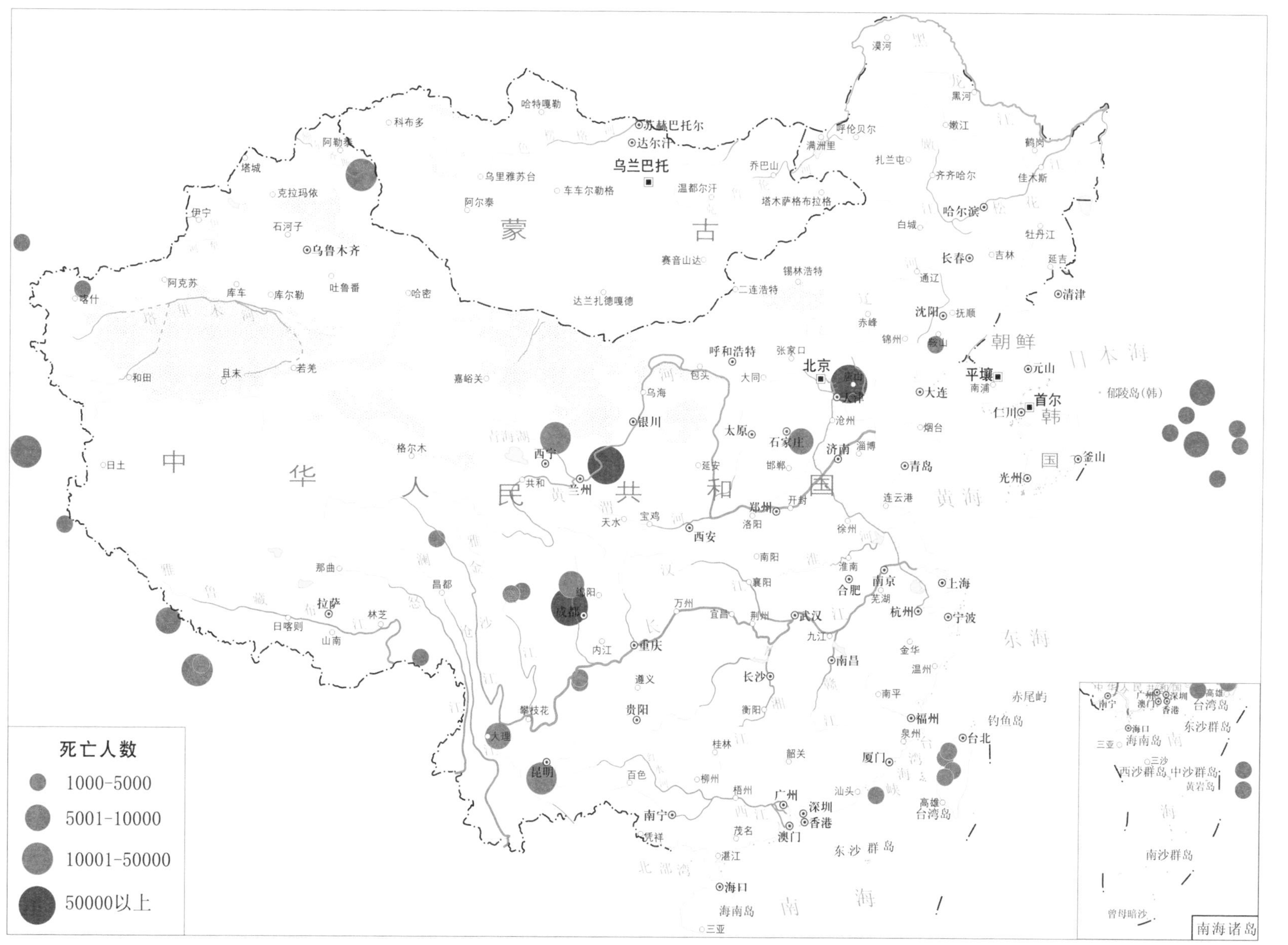

图 2.5 1900 年以来东亚 4 国及周边重大地震灾害分布图

■ 抗震设防基本状况

1. 房屋建筑特点

图 2.6　中国典型的建筑结构

以中国为例，东亚地区一般房屋建筑大多采用砖混结构、混凝土结构，超高层或大跨度的公共建筑采用钢结构，经过正规设计施工的房屋都具有较好抗震能力（图 2.6）。传统民居中未经抗震设防的砖房或土坯房，由于脆性建筑材料结合弱耐震性，遭遇大地震时会造成严重损坏或倒塌，是地震中大量人员伤亡的主要原因。自 20 世纪 90 年代以来，钢筋混凝土底层隔震系统已经广泛应用于中国，而应用基础隔震技术的砖砌体结构，在地震下的安全性相对于传统结构形式提高了 4 ~ 12 倍，有效提高了房屋整体抗震能力。

2. 房屋建筑抗震设防概况

（1）中国

规范名称：建筑抗震设计规范；

版本 / 年代：GB 50011—2010；

设防烈度 / 设防水准：中国分为 6、7、8、9 共 4 个抗震设防烈度；

设计采用水准：主要基于多遇地震进行抗震设计；

场地类别：按土层等效剪切波速和覆盖层厚度分为 I_0、I_1、Ⅱ、Ⅲ、Ⅳ共 5 类；

场地分组：根据不同地域分为 3 组；

建筑重要性分类：根据建筑功能分为甲、乙、丙、丁 4 类；

典型设计反应谱：对一般混凝土框架结构，阻尼比取为 0.05，地震分组为第三组，场地类别为 I0 类，典型设计反应谱如图 2.7 所示。

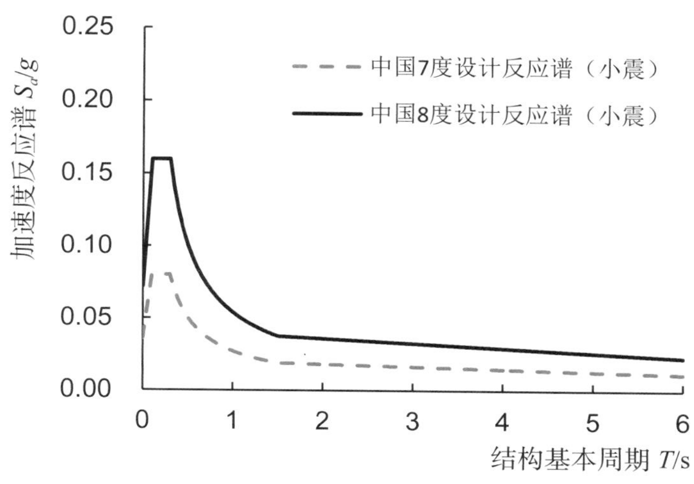

图 2.7　**中国典型设计反应谱**

（2）韩国

规范名称：Korea Building Code；

版本 / 年代：2009；

设防烈度 / 设防水准：韩国分为 2 类抗震区域；

设计采用水准：基于大震的地面峰值加速度进行折减设计；

场地类别：按土层剪切波速、渗透率和剪切强度分为 SA、SB、SC、SD、SE 共 5 类；

建筑重要性分类：根据重要性分为 4 类；

典型反应谱：以一般混凝土框架结构为例，重要性系数取 1.0，地震反应修正系数 R 为 3，场地类别取 SA 类，各抗震设防区域的典型设计反应谱如图 2.8 所示。

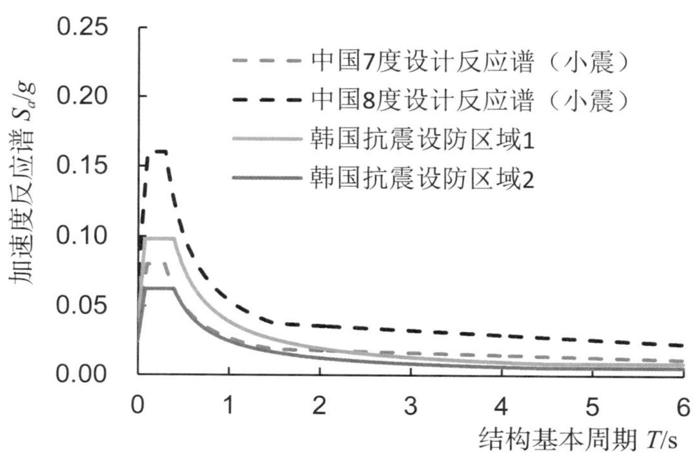

图 2.8　**韩国典型设计反应谱**

未来地震灾害风险

参考亚洲重点危险区地震风险分析结果（图 2.9 ~ 图 2.12）、世界地震危险性和地震风险评估结果，综合分析确定的国家级未来地震生命损失风险（表 2.1）表明，“一带一路”东亚地区中，蒙古、朝鲜和韩国均为未来地震灾害低（D 级）风险国家。

表 2.1　东亚 4 国地震灾情与未来地震风险估计（475 年重现期）

国家或地区	土地面积 / 10^4km	人口 / 万人	人口密度 /（人 / km^2）	GDP/ 亿美元	人均 GDP/ 美元	历史记载千人以上死亡事件			未来地震风险等级
						事件数	单次事件最大死亡人数 / 万人	总死亡人数 / 万人	
蒙古	157.7	296	2	115	3900				D
朝鲜	12.28	2516	205	297	1180				D
韩国	10.02	5000	500	14000	28000				D

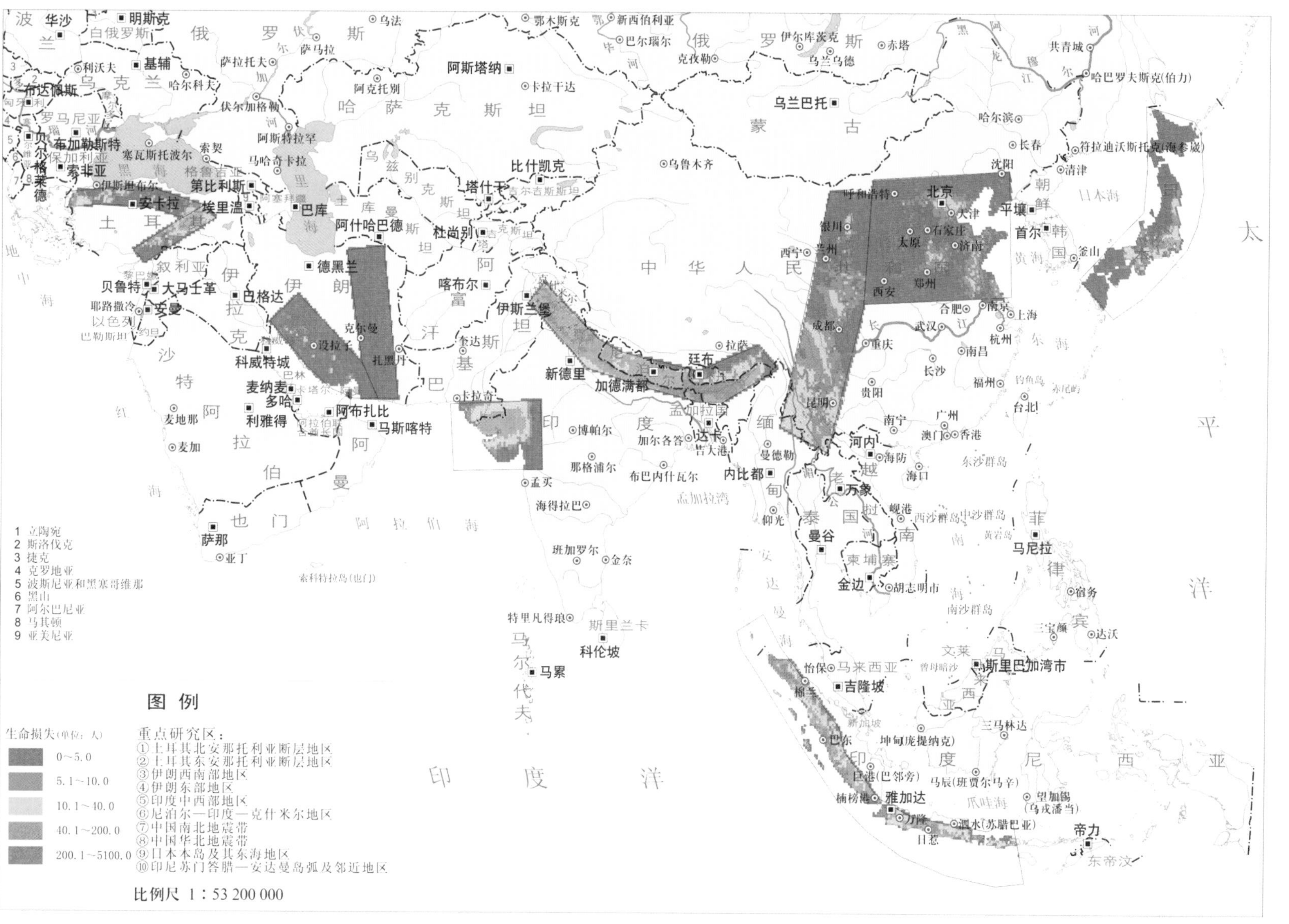

图 2.9　亚洲重点工作区 2011—2020 年地震生命损失期望预测图
（0.2° × 0.2°）

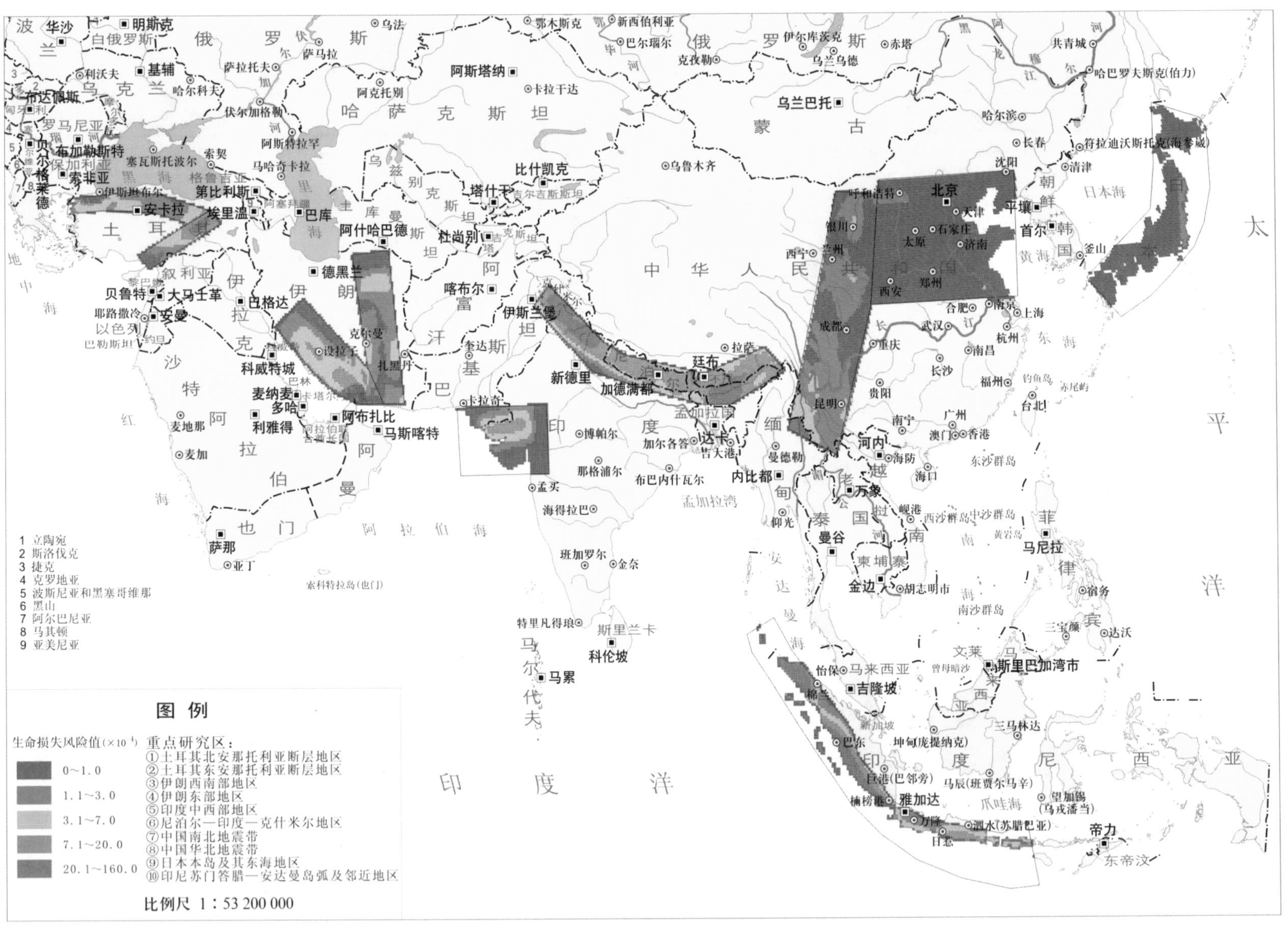

图 2.10　亚洲重点工作区 2011—2020 年地震生命损失风险预测图
（0.2° × 0.2°）

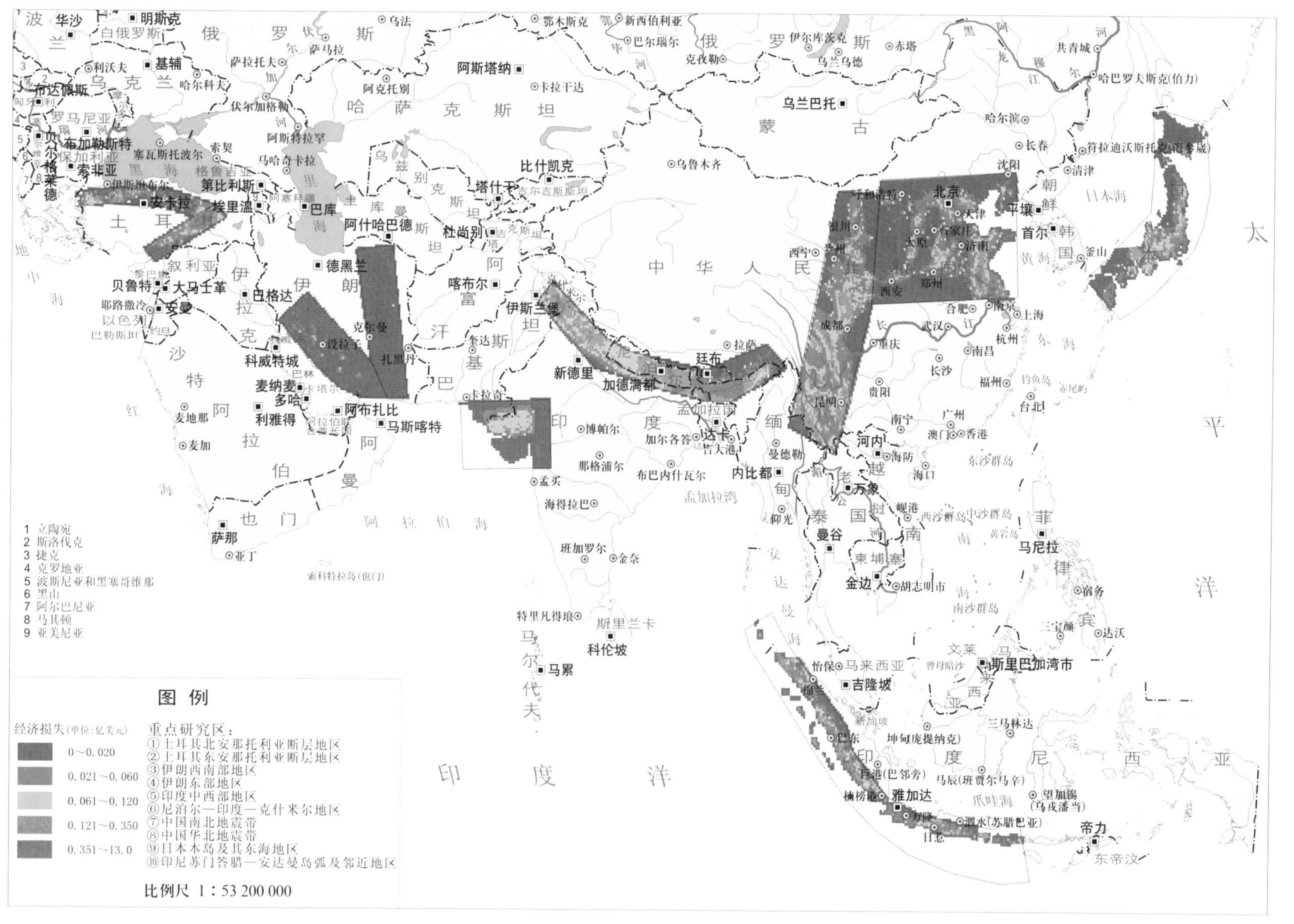

图 2.11　亚洲重点工作区 2011—2020 年地震经济损失期望预测图
（0.2° × 0.2°）

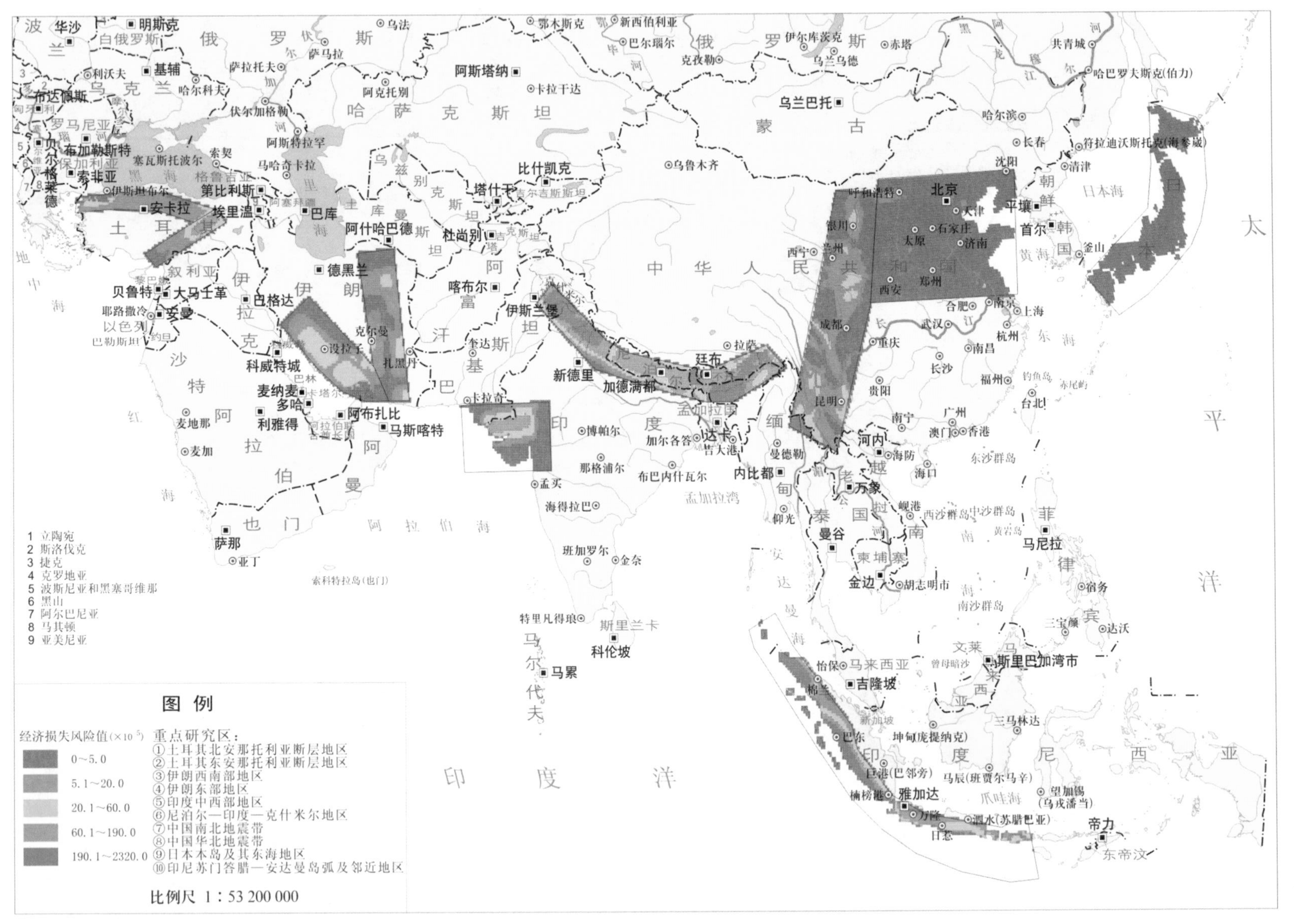

图 2.12　亚洲重点工作区 2011—2020 年地震经济损失风险预测图（0.2° × 0.2°）

地震灾害应急管理

东亚4国中，韩国在灾害应急管理方面起步较早，各方面制度、法规相对完善，灾害应急管理能力较强。而蒙古在救援能力及各类专业装备方面均比较落后，灾害应急管理及专业救援能力亟待提高。

2004年，韩国危机管理的专门机构——国家应急管理局（NEMA）成立，该机构为应对自然和人为灾害而特别设置，主要职责是监管中央和地方政府建立公共安全管理体系，直接负责各类应急响应和救助。NEMA通过三种途径实现对灾害的有效管理：一是同韩国气象厅（KMA）等其他政府机构紧密合作，实现信息共享；二是加强与科研院所和大学的合作，为灾害管理提供重要的科技支撑；三是完善灾害管理领域的法律法规建设，以法律法规为灾害管理的基础保障。韩国应对自然灾害的相关法律包括：《自然灾害应对法案》、《农业和渔业灾害应对法案》、《救灾法案》等。

2017年，韩国对应急机构进行了重新调整，明确由国家消防局（National Fire Agency）承担消防和应对突发事件处置的任务。韩国救援队的队伍能力较强，2011年通过了联合国重型救援队测评。

蒙古中央级别的应急管理机构是副总理管辖下的国家应急管理局（National Emergency Management Agency），其任务是减轻灾害风险和损失，在国家层面开展统筹协调、政策规划和科学研究等战略层次的工作。在省和县两级行政区域内，地方行政区领导人直接负责其辖区内的灾害应急管理和行动组织。横向的各部委和中央企事业单位，负责各自专业技术领域内的应急管理和实施。

蒙古的救援力量主要来源于消防和两个特别救援单元，但由于缺乏地震专业救援技术及装备，救援能力薄弱，如遇破坏性地震，救援工作很难开展，灾害应急管理及专业救援能力亟待提高。

地球物理场及地壳运动特征

1. 布格重力异常

东亚地区布格重力异常特征最明显的是中国大陆青藏高原地区的大规模负异常（低于 –500mGal）和太平洋西线与大陆交界正异常（高于 +500mGal）。其他区域诸如中国大陆东部及华北地区，蒙古、朝鲜和韩国地区布格重力异常分布较为一致，正异常值在 +100 mGal 左右。

东亚地区强地震主要沿青藏高原周边、蒙古西部到我国新疆西部一线、中国华北地区分布。青藏高原地区大规模的布格重力负异常，反映地下物质的“亏损”和不均衡，构造运动活跃，对应着印度板块与欧亚板块的陆陆碰撞推挤，该地区被称为地球的第三极，海拔在 5000m 以上，地壳深度深至 70km。青藏高原受印度板块和欧亚板块的相互作用，构造运动剧烈，地震活动强烈，21 世纪以来先后发生昆仑山口西 8.1 级、汶川 8.0 级等多次破坏性强震。同时，东天山造山带以及蒙古—中国新疆境内的阿尔泰山脉区域呈现布格重力负异常（–200mGal），该地区受印度板块与欧亚板块的碰撞及向北持续推挤，地震活动频繁。太平洋西线与大陆交界对应布格重力异常梯级带（+200 ~ +500mGal），该区域在构造上受太平洋板块向西俯冲影响，形成包括郯庐断裂的地震带，历史上强震频发，其中 1976 年唐山 7.8 级大地震就发生在该区域（图 2.13）。

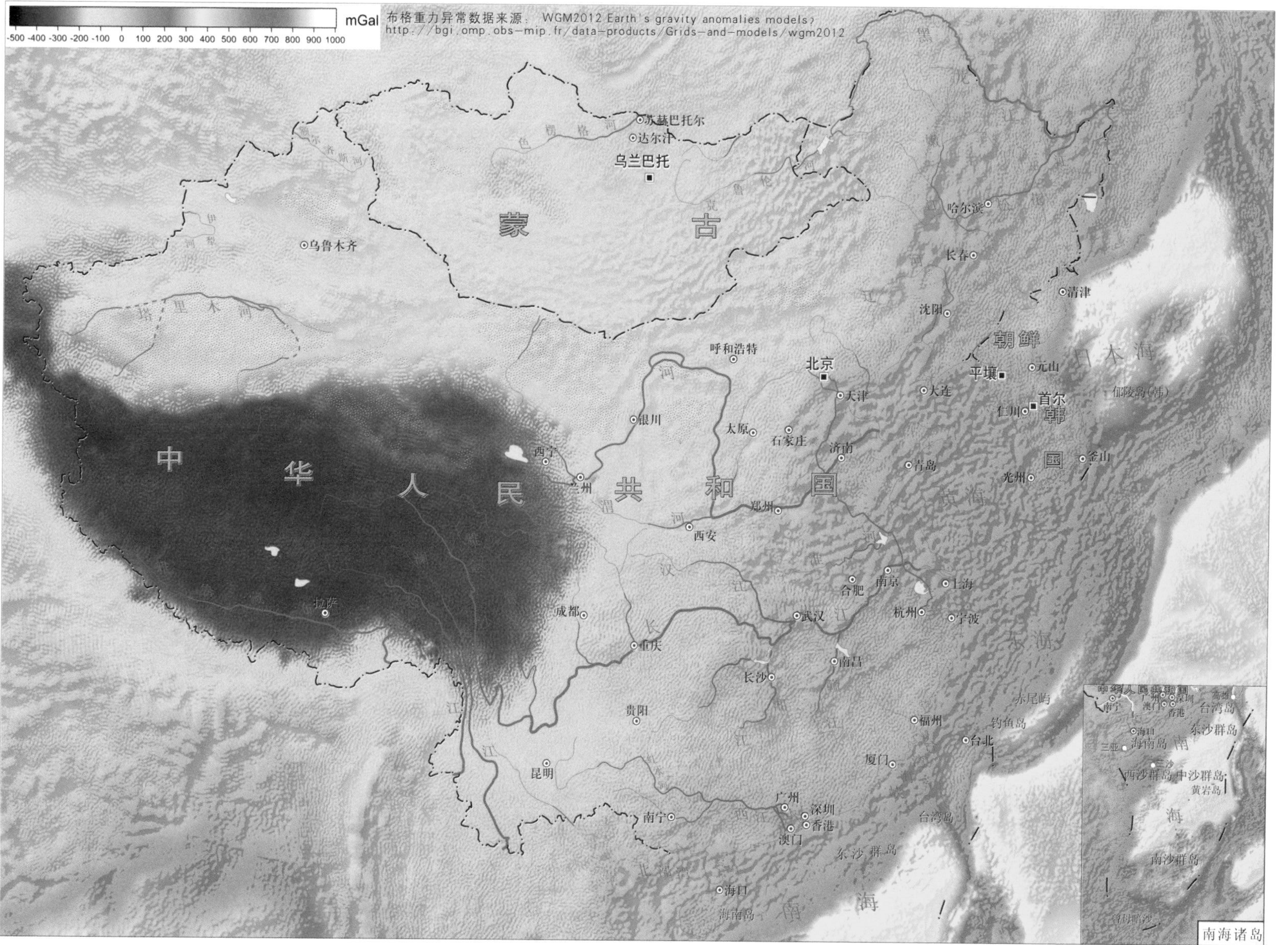
mGal
-500 -400 -300 -200 -100 0 100 200 300 400 500 600 700 800 900 1000
布格重力异常数据来源：WGM2012 Earth's gravity anomalies models;
http://bgi.omp.obs-mip.fr/data-products/Grids-and-models/wgm2012
中华人民共和国
蒙古
朝鲜
韩国
北京
乌兰巴托
平壤
首尔
苏赫巴托尔
达尔汗
乌鲁木齐
呼和浩特
哈尔滨
长春
沈阳
清津
元山
大连
天津
仁川
银川
太原
石家庄
济南
西宁
兰州
青岛
釜山
光州
郑州
西安
南京
合肥
上海
杭州
宁波
拉萨
成都
武汉
重庆
南昌
长沙
贵阳
福州
台北
钓鱼岛
赤尾屿
昆明
厦门
广州
深圳
香港
澳门
南宁
台湾岛
东沙群岛
海口
海南岛
南海诸岛

图 2.13 东亚 4 国及周边地区布格重力异常分布图

2. 地磁异常

东亚地区的中国大陆东部地区存在正异常条带（100nT），青藏高原东缘存在正（100nT）、负异常条带（−100nT）。蒙古中部区域存在负异常条带。整体上看，地磁异常数据精度相对较高的地区位于中国大陆东部地区，中国西部地区精度较低，中国大陆青藏高原地区、蒙古西部部分地区、朝鲜等地区数据缺失。

中国大陆内部的青藏高原北缘、东缘存在正（100nT）、负异常条带（−100nT），该区域被称为"南北地震带"，区域构造运动活跃，地震频发，21 世纪以来先后发生 2001 年昆仑山口西 8.1 级、2008 年汶川 8.0 级等破坏性大地震。中国大陆华北地区地磁异常呈 NNE 向条带分布特征，与该地区地形、地震断裂带的 NNE 走向分布一致，该区域在构造上受太平洋板块向西俯冲影响，形成包括郯庐断裂带在内的一系列北东走向活动构造带，1976 年唐山 7.8 级大地震、1668 年郯城 8.5 级大地震等灾难性地震就发生在该区域。蒙古高原西部的地磁异常条带分布，和该区域活动断层走向及新生代以来的地质构造一致，该地区地震活动频繁，历史上有多个灾害性强震活动记录。东亚地区地磁异常的条带分布，从中国大陆西部到华北东北地区，同青藏高原东北缘至华北活动断裂分布走向、区域地质构造走向相一致（图 2.14）。

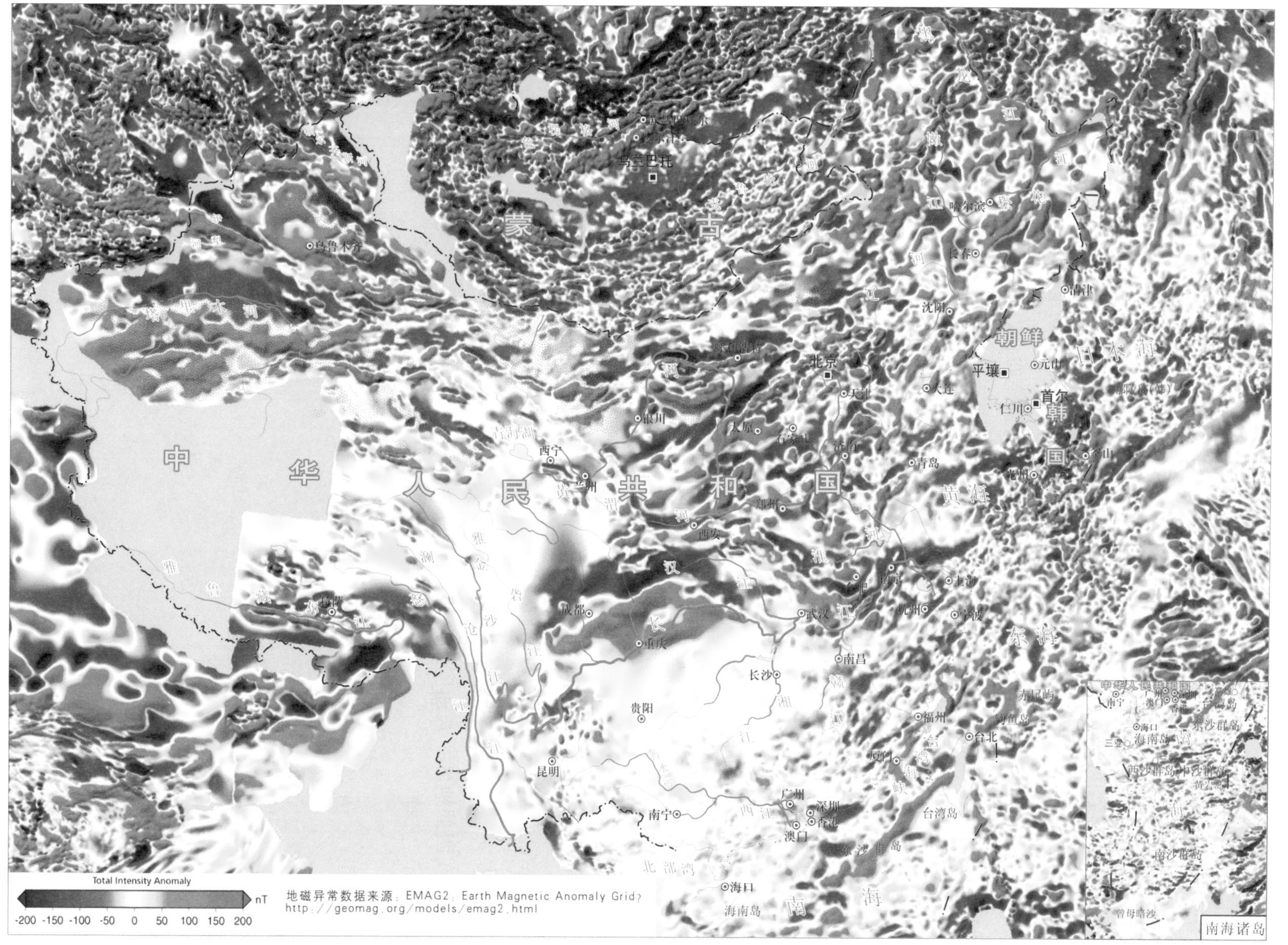

图 2.14　东亚 4 国及周边地区地磁异常分布图

3. 地壳运动特征

东亚地区 GPS 水平速度场主要由中国 2000 多个 GPS 观测站，以及韩国、蒙古境内几百个观测站的数据构成，站点分布较为广泛，数据采用欧亚固定参考系 (Eurasia)。东亚地区两侧受到相邻板块的俯冲与挤压，相对欧亚大陆整体而言，东亚地区以向北和向东的运动为主，部分地区挤压变形强烈，转向南东或南向运动。在构造板块边界影响、地壳介质差异以及板块内次级块体分布等因素共同作用下，东亚地区成为地震频发地区。

中国境内 GPS 速度差异很大：中国台湾岛东海岸具有较大的水平运动速度，超过 60mm/a，成为东亚地震最为密集的地区之一；中国西部地区的地壳运动速度明显大于中国大陆东部的速度，青藏高原地区向北与向西水平运动速度最大超过 40mm/a；青藏高原及其周缘，以及新疆南、北天山地区，是东亚地区地震频发的区域之一，6 级以上地震范围广泛；中国云南地区地表运动方向变化剧烈（顺时针旋转），该区域也是地震多发区；中国华北地区 GPS 速度较小，但是地震较为频繁，可能与此处次级板块的复杂分布有关；中国海南岛与南海海域，接近向南的水平运动，海南岛北部及东侧海域有地震发生，南海海盆内部地震较少。

韩国境内的 GPS 观测站点分布广泛，其水平速度与中国大陆东部和东北部地壳运动较为一致，GPS 速度较小，境内地震较少。

蒙古境内的 GPS 速度场大部分小于 5mm/a，主要以东向和北东向为主。境内地震主要分布在西部地区，其速度场由北东向过渡到东向（图 2.15）。

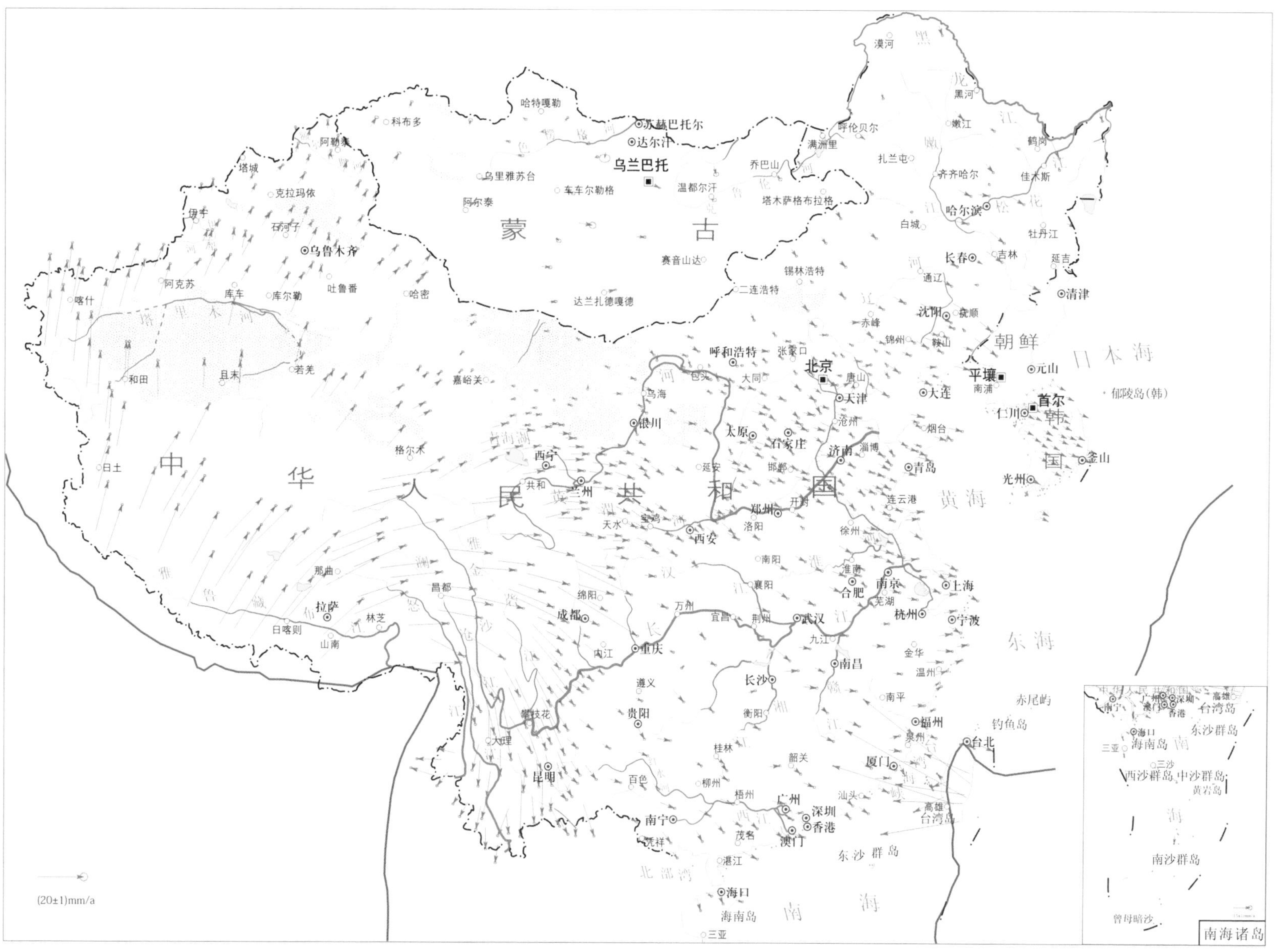

图 2.15　东亚 4 国及周边地区 GPS 水平运动速度场

图中红色箭头表示 GPS 观测水平运动速度，箭头处圆圈表示观测误差，褐色实线表示全球构造板块边界

“一带一路”沿线国家中位于东南亚地区的包括：文莱达鲁萨兰国、柬埔寨王国、东帝汶民主共和国、印度尼西亚共和国、老挝人民民主共和国、马来西亚联邦、缅甸联邦共和国、菲律宾共和国、新加坡共和国、泰王国和越南社会主义共和国，共11个国家。

第三章 东南亚地区地震安全概况

东南亚在构造上位于欧亚板块南缘突出部，包括中南半岛和巽他微板块，是一个相对稳定的地壳板块，但板块边界上的俯冲带或边界断层地震活动十分活跃，陆地上的地震高危险区和高风险区沿这些地震活跃地区分布。历史上地震灾害严重，在印度洋沿岸地区地震引发的特大海啸也造成了严重灾害。东盟主导的灾害管理委员会（ACDM）大大推进了东盟地区国家协同应对自然灾害的能力，在近些年的灾害应对中发挥作用明显。新加坡救援队通过了联合国重型救援队伍测评，其他国家的应急救援队伍建设正逐步与国际标准接轨。

地震活动与地震构造

1. 区域地震活动和地震构造

东南亚所在的中南半岛和巽他微板块内部相对稳定，但边界的俯冲带或边界断层的地震活动十分活跃。北部的红河断裂长约 1000km，年平均滑动速率可能达到 5mm/a；西南边界的苏门答腊巨型俯冲带自 2004 年 12 月起不到 3 年的时间发生了 3 次特大地震，并引发波及整个印度洋沿岸地区的特大海啸；东边界的马尼拉海沟俯冲带聚敛速率达到了 8cm/a，历史或仪器记录的 7 级以上地震超过 10 次。块体内部，在缅甸、泰国、老挝交界的金三角地区也曾发生过 1912 年 8 级左右的特大地震。

1900 年以来，老挝记录到 6.0 级以上地震 3 次；马来西亚记录到 6.0 级以上地震 1 次；泰国记录到 6.0 级以上地震 1 次；越南记录到 6.0 级以上地震 2 次；菲律宾记录到 6.0 级以上地震 66 次，其中 8.0 ~ 8.9 级地震 1 次，7.0 ~ 7.9 级地震 19 次；缅甸记录到 6.0 级以上地震 44 次，其中 7.0 ~ 7.9 级地震 15 次。印度尼西亚地震活动主要发生在西南近海的爪哇海沟，2004 年 12 月至 2007 年 9 月发生过 3 次 9 级左右的特大地震，而陆地上自 1900 年至今，仅记录到 6.0 级以上地震 209 次，其中 8.0 ~ 8.9 级地震 1 次，7.0 ~ 7.9 级地震 34 次（图 3.1，图 3.2）。

2. 地震监测能力

东南亚地区地震监测能力最高的为缅甸、老挝、越南三国与中国接壤的地区，能够保证 3 级地震不遗漏，这主要受益于中国境内云南、广西两省（区）较高的台网密度。从当前掌握的台网数据看，中南半岛北部、苏门答腊岛、爪哇岛、苏拉威西岛以及菲律宾大部地区监测能力较好，基本能够保证整体 4 级、局部 3 级地震不遗漏。其中，中国在缅甸、老挝、印度尼西亚等国建设的地震台网在提高当地地震监测能力方面发挥了重要作用（图 3.3）。

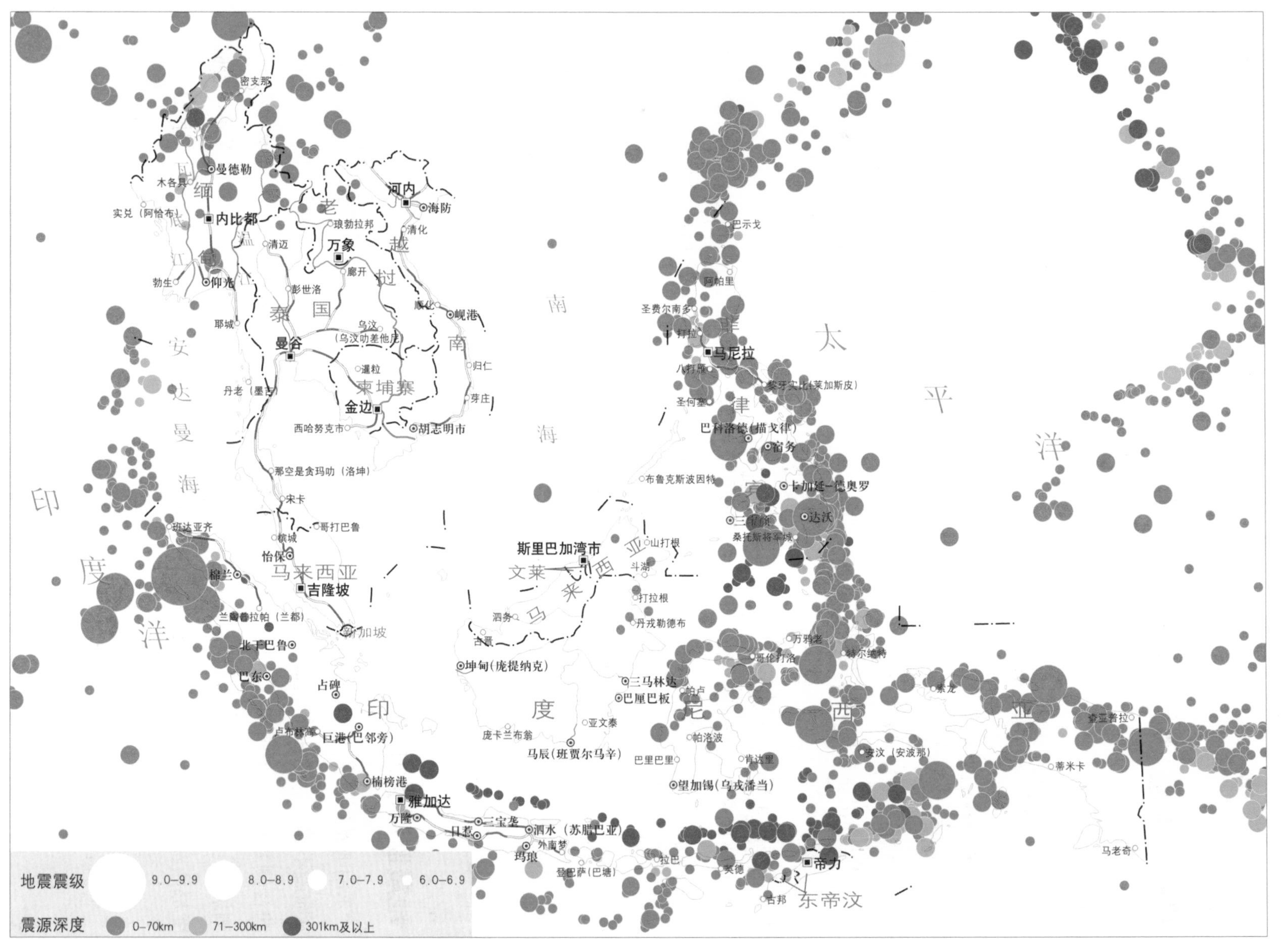

图 3.1　东南亚及周边地区 6.0 级以上地震震中分布图

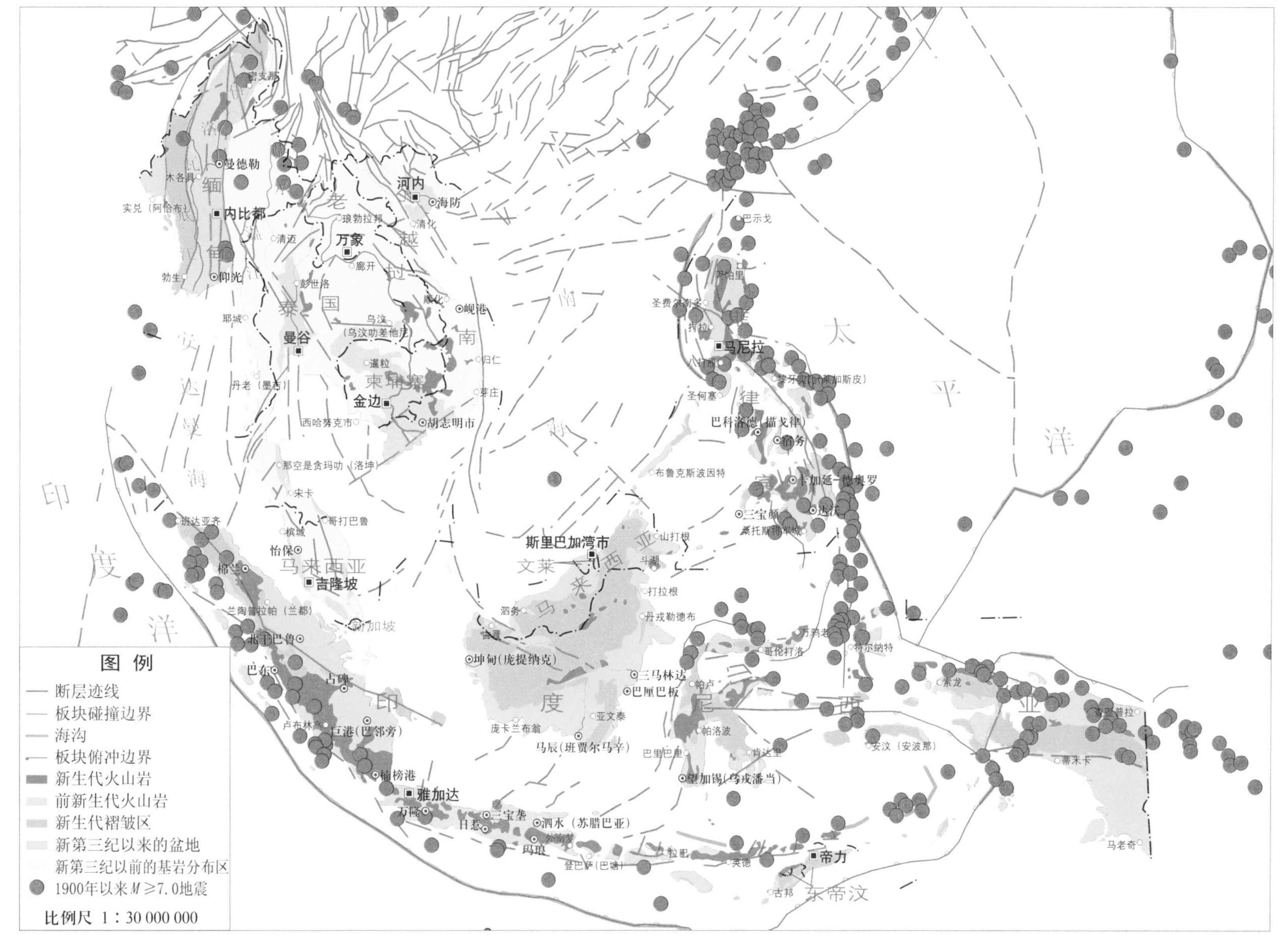
图例
断层迹线
板块碰撞边界
海沟
板块俯冲边界
新生代火山岩
前新生代火山岩
新生代褶皱区
新第三纪以来的盆地
新第三纪以前的基岩分布区
1900年以来M≥7.0地震
比例尺 1：30 000 000
曼德勒
内比都
仰光
河内
海防
万象
曼谷
金边
胡志明市
岘港
吉隆坡
新加坡
斯里巴加湾市
马尼拉
雅加达
巨港（巴邻旁）
坤甸（庞提纳克）
马辰（班贾尔马辛）
泗水（苏腊巴亚）
帝力
东帝汶
太平洋
印度洋

图 3.2　东南亚及周边地区地震构造图

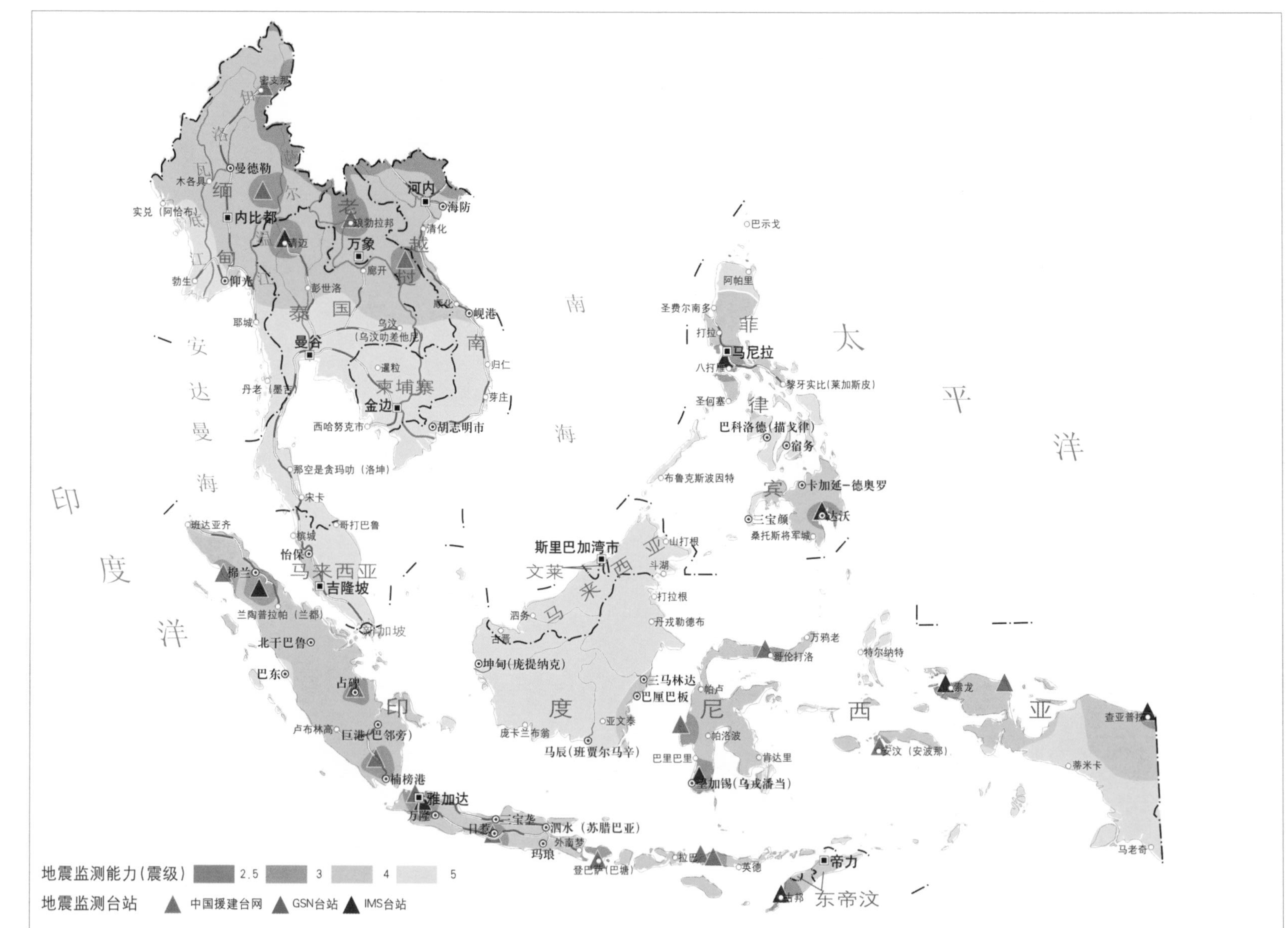

图 3.3　东南亚地区理论地震监测能力分布图

地震危险性及地震灾害概述

1. 地震危险性

东南亚 11 国的地震危险性总体上板块边界地区高于板块内部，南部高于北部。印度尼西亚的苏门答腊岛、爪哇岛受苏门答腊海沟影响，菲律宾及印度尼西亚的新几内亚岛地区和苏拉威西岛东北地区受马尼拉海沟影响，地震危险性最高。缅甸地处欧亚地震带的喜马拉雅山东构造结地区，地震危险性相对较高，而中南半岛南部及加里曼丹岛地震危险性相对上述地区为弱（图 3.4）。

2. 地震灾害概述

东南亚是世界上自然灾害最为严重的地区之一，有 183 座活火山，每年地震频繁。1600—2000 年间，印度尼西亚遭遇了 105 次海啸，其中 90% 由构造地震、9% 由火山爆发、1% 由山体滑坡引起。其中，2004 年 12 月的印度洋地震海啸造成超过 23 万人死亡或失踪。菲律宾受到马尼拉海沟俯冲带的影响，1900 年以后在吕宋岛地区发生过两次死亡千人以上地震。缅甸地震活动强烈，但远离人口密集地区，20 世纪以来没有发生过严重的地震灾害（图 3.5）。

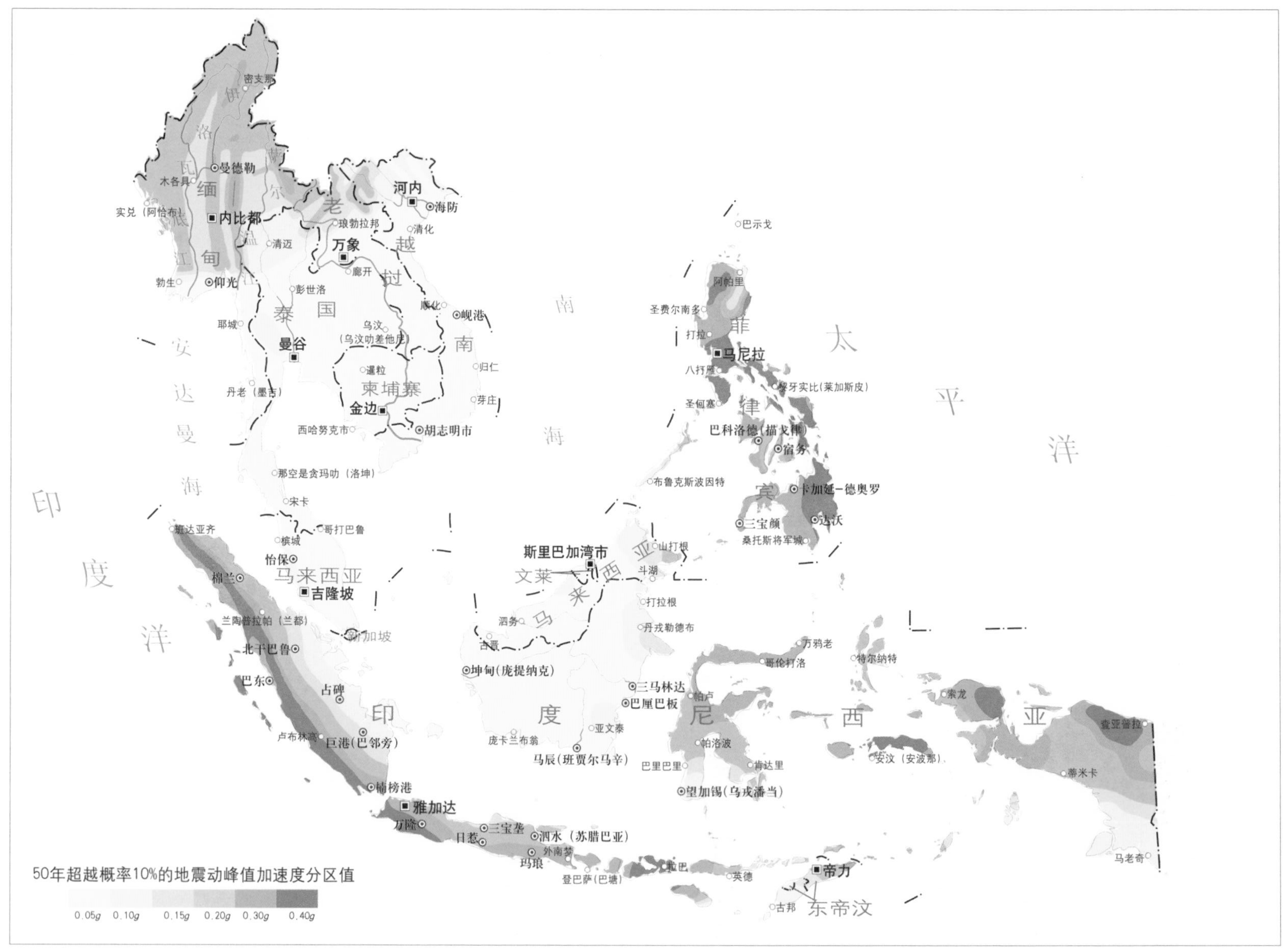

图 3.4 东南亚地区 50 年超越概率 10% 的地震动峰值加速度分区图

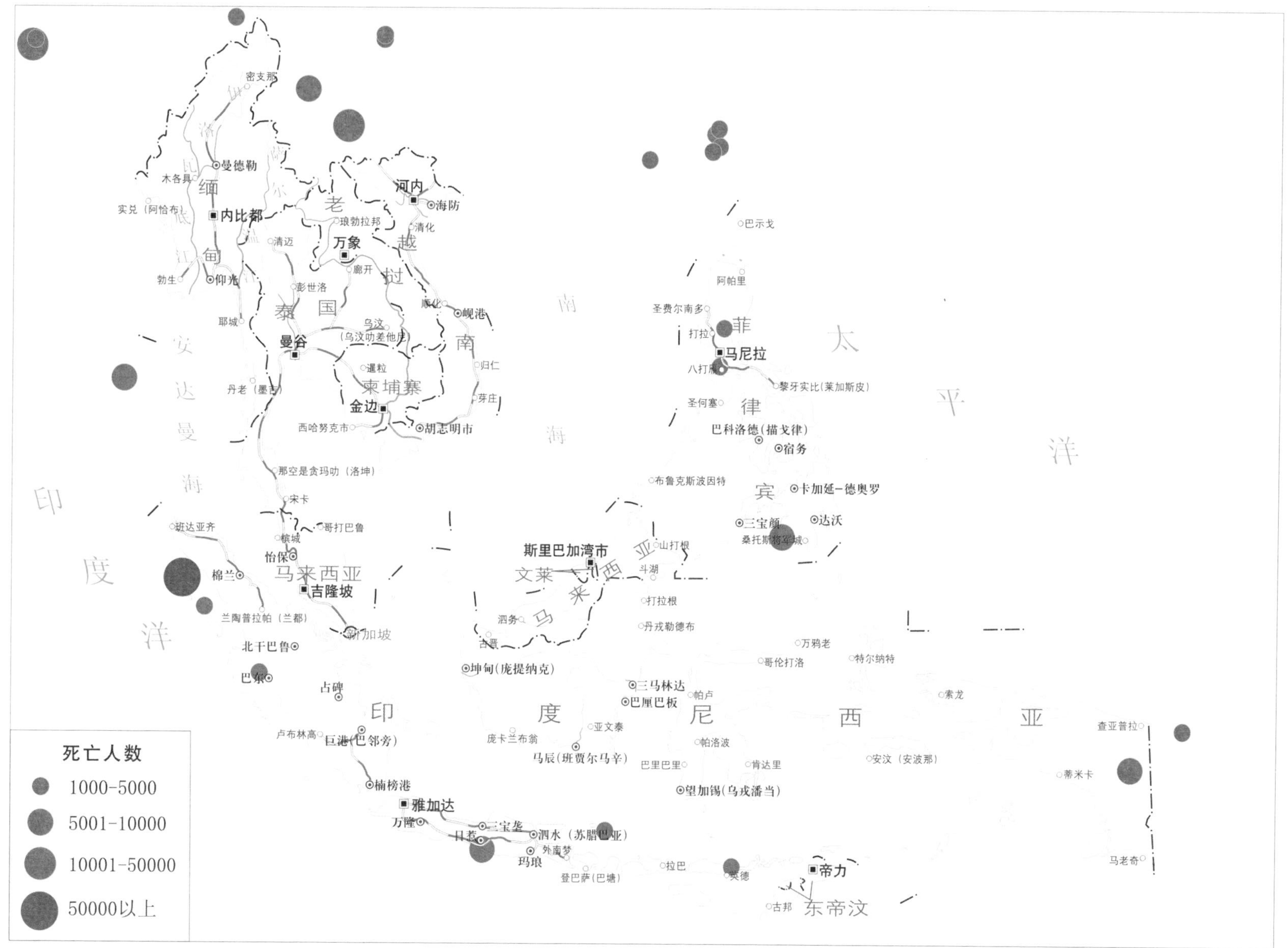

图 3.5　1900 年以来东南亚及周边地区重大地震灾害分布图

3. 重特大地震灾害

（1）2004 年印度尼西亚地震海啸

2004 年 12 月 26 日 8 时 58 分，印度尼西亚发生 9.1 级巨震，震中位于苏门答腊岛西北近海（3.29°N，95.98°E）。地震引发海啸，波及印度、印度尼西亚、泰国、马来西亚、斯里兰卡、马尔代夫、索马里等十几个国家，造成约 30 万人死亡，近 10 万人失踪，受灾人口数百万，经济损失数千亿美元（图 3.6）。

图 3.6　印度尼西亚班达亚齐地区海啸前后卫星影像对比

（2）2006 年印度尼西亚日惹 6.3 级地震

2006 年 5 月 27 日 6 时 54 分，印度尼西亚发生 6.4 级地震，震中位于爪哇省日惹地区（7.96°S，110.44°E），震源深度 35km。此次地震造成 6234 人死亡，近 2 万人受伤，超过 10 万人无家可归。在受灾最惨重的班图尔镇（包括塞温、班邦立普洛、比容安和杰地斯 4 个村庄），90% 的建筑倒塌，几乎被夷为平地（图 3.7）。

图 3.7 地震后的日惹灾区

抗震设防基本状况

1. 房屋建筑特点

以马来西亚为例，木屋顶的钢筋混凝土框架结构是城市地区家庭住宅建筑结构，由钢筋混凝土的柱和梁组成，屋顶是木材桁架。该建筑结构是根据无抗震思想的英国代码 BS 8110 设计的。图 3.8 即为马来西亚典型的建筑结构。

图 3.8　马来西亚典型建筑结构

无筋砖砌体建筑广泛存在于印度尼西亚的农村地区，这些建筑使用水泥砂浆和砖砌体结合而成的墙体承重，屋顶采用木结构。此类建筑没有经过良好的设计，完全依靠长期的建筑实践经验建造，在地震中常常遭到严重损坏。

2. 房屋建筑抗震设防概况

（1）菲律宾

规范名称：National Structural Code of the Philippines；

版本 / 年代：2000；

设防烈度 / 设防水准：菲律宾抗震设防地震区域分为区域 2 和 4；

场地类别：按土层剪切波速、厚度分为 S1，S2，S3，S4 共 4 类；

建筑重要性分类：根据结构的使用功能不同分为 Ⅰ、Ⅱ、Ⅲ和Ⅳ共 4 类；

典型设计反应谱：以一般的混凝土框架结构为例，重要性系数为 1，计算系数取为 5，场地类别为 S1 类，各抗震设防区域的典型设计反应谱如图 3.9 所示。

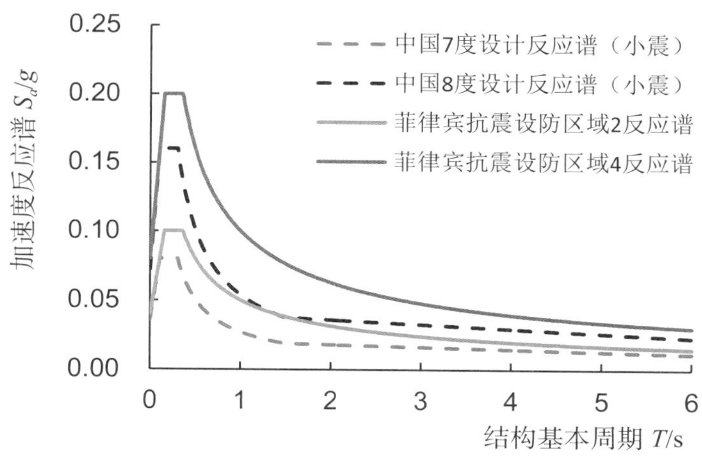

图 3.9　菲律宾典型设计反应谱

（2）印度尼西亚

规范名称：Design Method of Earthquake Resistance for Building；

版本 / 年代：2002；

设防烈度 / 设防水准：印度尼西亚共划分为 1~6 共 6 个抗震设防区域，对应不同地面峰值加速度；

设计采用水准：按建筑寿命中出现概率 60% 地震进行抗震设计；

场地类别：根据土层剪切波速、渗透率和剪切强度的不同分为 4 类；

建筑重要性分类：根据不同使用功能分为 5 类；

典型设计反应谱：考虑结构的部分延性，结构的折减系数取为 4.8，场地类型取 Hard Soil，各抗震设防区域的典型设计反应谱如图 3.10 所示。

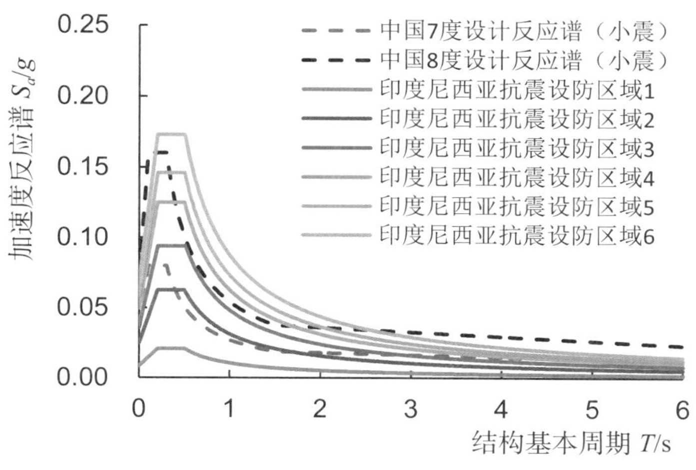

图 3.10　印度尼西亚典型设计反应谱

■ 未来地震灾害风险

参考亚洲重点危险区地震风险分析结果及世界地震风险评估结果，综合分析确定的国家级未来地震生命损失风险（表 3.1）表明，东南亚地区未来地震灾害风险高，其中：印度尼西亚是本区未来地震灾害高（A 级）风险国家；菲律宾和缅甸为地震灾害较高（B 级）风险国家；东南亚地区其他“一带一路”国家为地震低（D 级）风险国家（其中，越南、泰国、马来西亚和老挝地震风险相对略高）。

表 3.1　东南亚地区地震灾情与未来风险估计（475 年重现期）

国家或地区	土地面积 / 10^4km	人口 / 万人	人口密度 /（人 / km^2）	GDP/ 亿美元	人均 GDP/ 美元	历史记载千人以上死亡事件			未来地震风险等级
						事件数	单次事件最大死亡人数 / 万人	总死亡人数 / 万人	
文莱	0.58	42	72	130	31200				D
柬埔寨	18.10	1440	80	152	1040				D
东帝汶	1.49	117	78	14	2180				D
印度尼西亚	190.4	25550	134	8885	3630	12	22.79	26.53	A
老挝	23.68	680	29	136	2030				D
马来西亚	33.00	3000	91	3356	8260				D
缅甸	67.66	5390	80	670	1290	1	30	30	B
菲律宾	29.97	10098	337	2850	2800	4	0.51	1.18	B
新加坡	0.07	554	7697	2927	53000				D
泰国	51.30	6450	126	3953	6130				D
越南	32.96	9170	278	1906	2110				D

地震灾害应急管理

1. 地震灾害应急管理概述

东盟于2003年成立灾害管理委员会（ACDM），2009年签署生效《东盟灾害管理与紧急应对协议》，2011年成立东盟人道主义救援协调中心（AHACenter），总部位于雅加达。AHACenter的成立大大推进了东盟地区国家协同应对自然灾害的能力，在近些年的灾害应对中发挥作用明显。如在应对2011—2013年的菲律宾台风的过程中，AHACenter协同当地政府、联合国及其他渠道的人道主义力量，为菲律宾有效应对台风灾害发挥了重要作用。

在地震灾害专业救援队伍建设方面，新加坡一直走在国际前沿，也是较早通过联合国重型救援队伍测评的亚洲救援队（2013）。其他国家，如马来西亚、印度尼西亚等国的队伍也在不断发展壮大，队伍建设逐步与国际标准接轨，能力有了很大提升。

2. 典型国家地震灾害应急管理能力

（1）印度尼西亚

印度尼西亚在1979年建立了国家自然灾害局(BAKORNAS PB)，作为社会事务部下属的负责灾害管理的政府机构，发挥协调职能。技术性的应急响应和灾害发生地的具体管理由其他专门的政府部门负责。2001年，印度尼西亚发布第3号总统令，对国家自然灾害、国内流离失所者和难民的管理作出了一些规定。

2007年，印度尼西亚议会通过《灾害管理法》，授权建立国家灾害管理局(BNPB)，在各省建立地方灾害管理机构(BPBD)。《灾害管理法》确立并强化BNPB和BPBD的作用，使其与国家其他政府部门具有同样重要的地位。在BNPB和BPBD的协调下，减灾资金得到了较为均衡的分配。灾害管理的责任从国家转移到省和区一级，更重要的是开始强调民众对灾害管理的参与。

印度尼西亚较早建立了专业的地震灾害救援队，并有在联合国搜索与救援咨询团（INSARAG注册）的国际救援队雅加达救援（Jakarta Rescue），但队伍规模有限，目前尚未通过联合国测评。

（2）马来西亚

马来西亚由国家安全委员会统一领导突发事件的应急处置。1997 年，发布了国家灾害管理与减灾策略和机制的指令性文件，规范了国家应对灾害的相关流程。逐步形成了减灾、备灾、响应、恢复等阶段的灾害应对体系，分地区、州和中央三个层级响应，并规范了现场分区管理的模式。2004 年印度洋地震海啸之后，马来西亚形成了应对地震灾害的标准工作程序，灾害现场参考美国的事故指挥系统（ICS）模式规定了指挥协调机制。近些年，马来西亚政府也逐步推进防灾基础设施建设和全面宣传教育，应对地震等自然灾害的能力进一步提升。

马来西亚建立了专业的地震救援队伍体系。其中，马来西亚灾害支持和救助特别行动队（SMART）于 2016 年通过了联合国重型救援队测评，逐步开始参与国际地震人道主义救援任务。

（3）新加坡

新加坡设立全国的跨部门委员会和专门小组统一协调各类突发事件的应对，形成覆盖政府、企业、学校和社区的全国应对网络。政府牵头，企业、学校和社区积极参与，全力投入自然灾害等突发事件应对。加强公共教育和媒体传播，形成全民参与的格局。目前，新加坡已建立国土危机管理系统，国土危机处理部长级委员会作为最高议事机构，设立 9 个危机管理小组协同开展突发事件处置。

依托民防部队，新加坡较早建立了专业救援队和国际救援队，并通过了联合国的重型救援队测评。新加坡救援队积极参与地震灾害等国际人道主义救援事务，通过联合国及双边途径为其他国家提供培训等技术援助。中国国际救援队建队之初，在队伍建设、骨干培训等方面均得到了新加坡救援队的帮助。

■ 地球物理场及地壳运动特征

1. 布格重力异常

东南亚地区布格重力异常从整体上看几乎均为正异常，海洋地区相比陆地异常幅度更大。中国南海以西的中南半岛地区，布格重力异常幅值在 +100mGal 上下；中国南海以东的菲律宾，异常幅值在 +200mGal 左右。海洋区域布格重力异常超过 +400mGal。

东南亚是世界上自然灾害最为严重的地区之一，火山、地震、海啸频发。该地区处在欧亚地震带和环太平洋地震带的结合部，地震断裂带呈南北向分布，区域地震危险性较高。缅甸、泰国南部、印度尼西亚地区异常呈梯级带分布，马来半岛处于异常正负过渡带，菲律宾等区域异常呈梯级带分布，其中菲律宾区域位于环太平洋地震带，同时受到马尼拉海沟俯冲带的影响，地震危险性较高（图 3.11）。

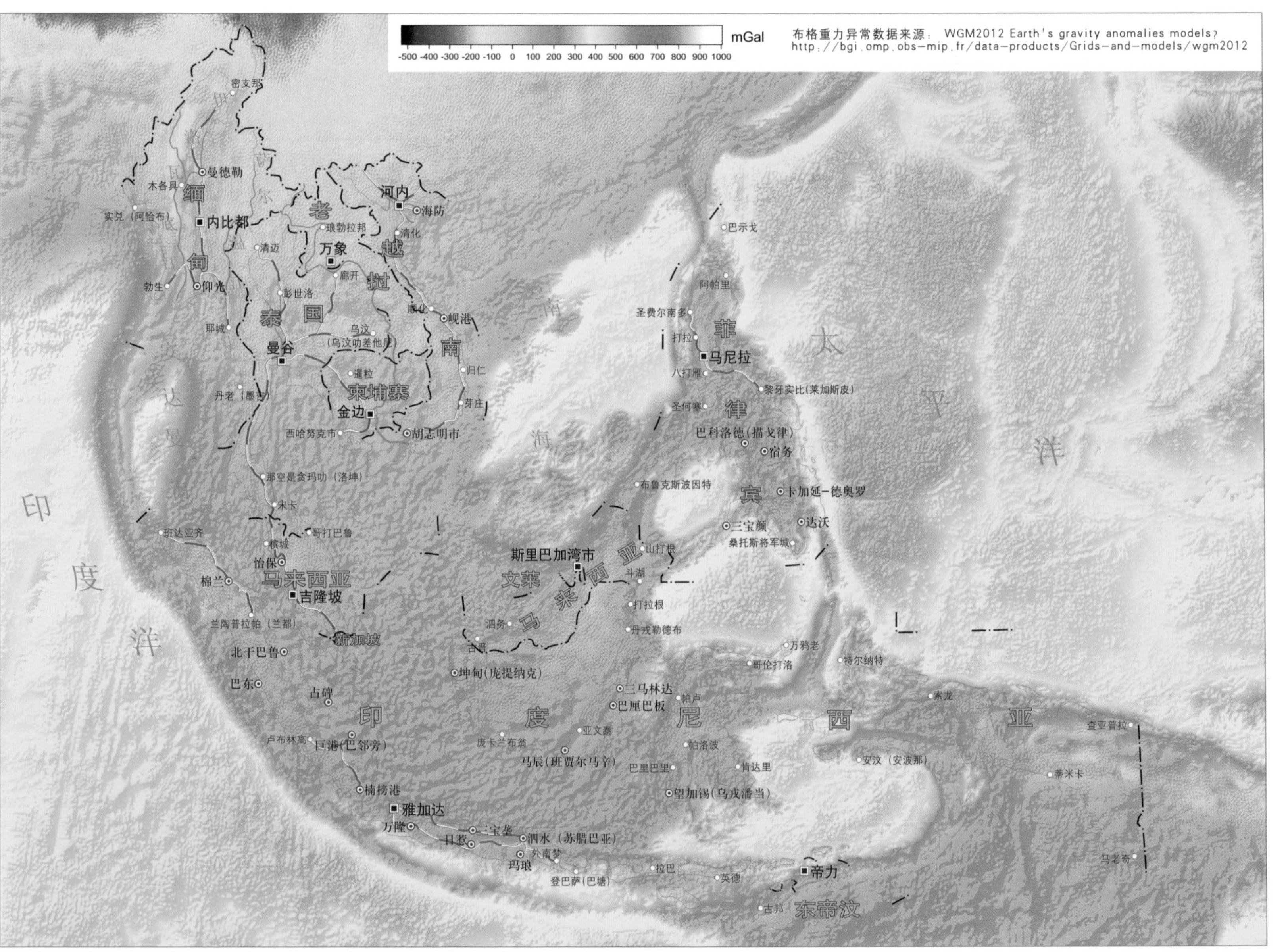

图 3.11 东南亚及周边地区布格重力异常分布图

2. 地磁异常

在东南亚地区，海域范围地磁数据覆盖较好，精度较高，异常基本呈正负相间条带分布。陆域范围地磁异常数据缺失严重，缅甸、老挝、柬埔寨、菲律宾、印度尼西亚、东帝汶、文莱等国家和地区均存在全部或较大范围的地磁数据缺失。

东南亚地区处在欧亚地震带和环太平洋地震带的结合部，地震危险性较高，地磁异常等基本地球物理场数据分布特征与区域构造、地震断裂带、地震活动性等分布相关，地磁异常分布特征的研究，对该区域地震灾害研究具有重大意义（图 3.12）。

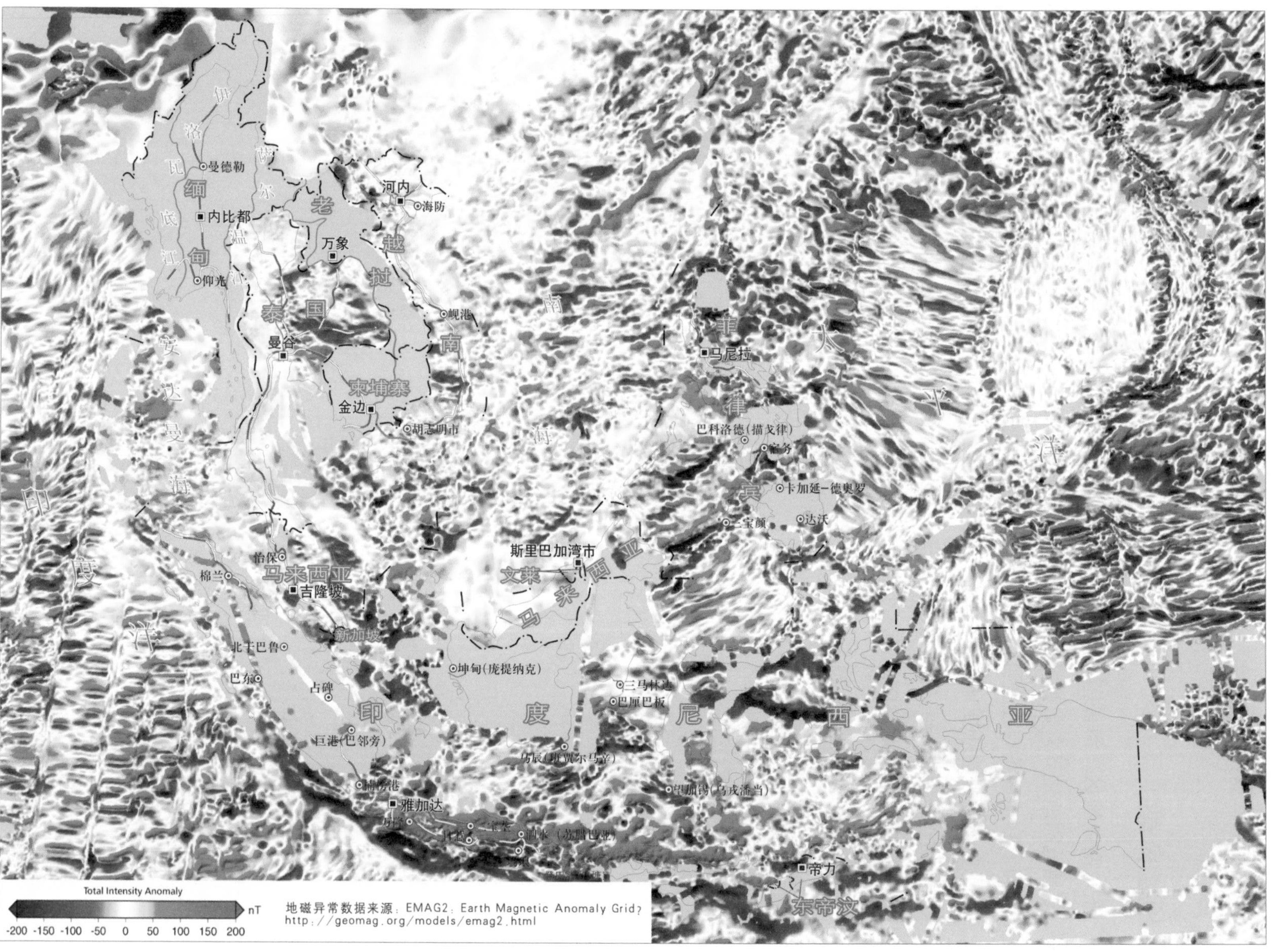

图 3.12 东南亚及周边地区地磁异常分布图

3. 地壳运动特征

东南亚地区 GPS 速度场主要由缅甸、越南、泰国、马来西亚、印度尼西亚、菲律宾等国观测站的数据构成，数据采用欧亚固定参考系（Eurasia）。东南亚地区西边界与东边界地震最为集中，GPS 水平速度场也较大，中南半岛速度较小（<10mm/a）。

缅甸境内，西侧 GPS 运动速度达到 20mm/a，地震集中在西北部地区；中北部及东部运动速度减小，但仍有地震发生；东北部部分地区速度与中国云南地区一致，有部分地震活动发生。

中南半岛上，越南、老挝、柬埔寨、泰国、缅甸南部、马来西亚西部、新加坡 GPS 水平速度场较小（<10mm/a），地震发生少。

加里曼丹岛上，文莱、马来西亚东部、印度尼西亚中部 GPS 水平速度场较小（1 ~ 5mm/a），以南向运动为主，地震较少。

印度尼西亚境内 GPS 水平运动复杂：明打威群岛以北向运动为主（>40mm/a），地震较为集中；爪哇岛整体以北东向运动为主，多数小于 10mm/a，地震多集中在岛屿南部海域；小巽他群岛以北东向运动为主，GPS 水平速度迅速增大到 40 ~ 50mm/a，地震频发；苏拉威西岛北部以北向或北西向运动（约 30mm/a），南部以北向或北东向运动为主（<10mm/a），岛屿北部地震活动强于南部；新几内亚岛及其西北部群岛运动速度较大（>60mm/a），以北向或北西向运动为主，地震多发生在新几内亚岛北部边界与西部相邻群岛上。

菲律宾境内，吕宋岛与棉兰老岛以西向或北西向较大速度运动（>60mm/a）；中部地区群岛运动速度减小（>10mm/a）；巴拉望岛以南东向较小速度运动（<10mm/a）；菲律宾全境除巴拉望岛及苏禄群岛以外均为地震多发地区（图 3.13）。

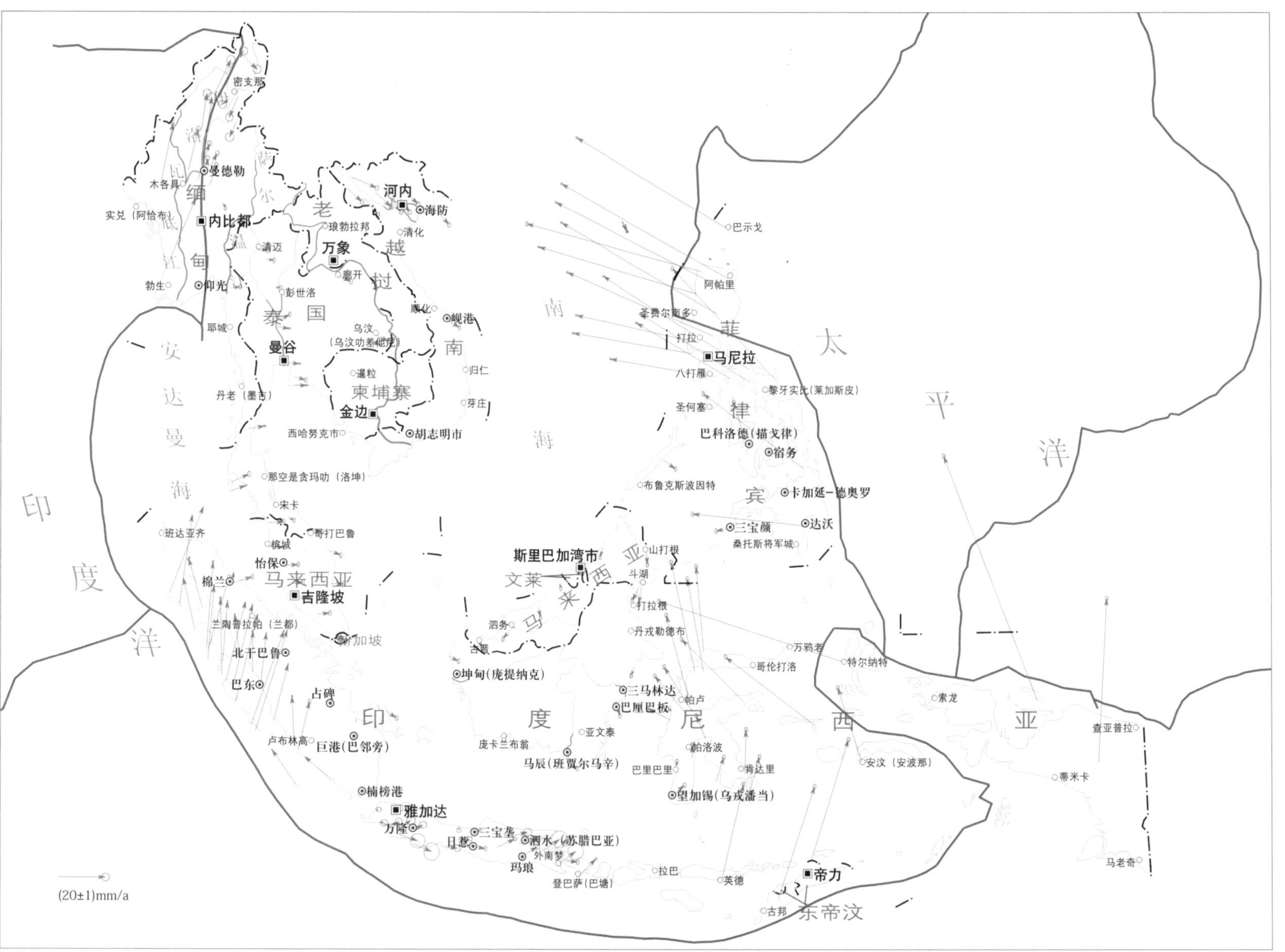

图 3.13　东南亚及周边地区 GPS 水平运动速度场

图中红色箭头表示 GPS 观测水平运动速度，箭头处圆圈表示观测误差，褐色实线表示全球构造板块边界

“一带一路”沿线国家中位于南亚的包括：尼泊尔联邦民主共和国、不丹王国、孟加拉人民共和国、印度共和国、斯里兰卡民主社会主义共和国、马尔代夫共和国、巴基斯坦伊斯兰共和国，共 7 个国家。

第四章

南亚地区地震安全概况

南亚地区在构造上位于印度洋板块北部，北以喜马拉雅构造带为边界与中国青藏高原接壤，西以恰曼断裂带为边界与阿拉伯板块相邻，东以实皆断裂带为界与东南亚相连。喜马拉雅构造带较活跃，历史上发生过多次灾难性大地震。地震高危险区及重大地震灾害均沿喜马拉雅构造带分布，1900 年以来发生过 2 次死亡 5 万人以上的灾难性地震灾害。南亚地区低水平的房屋抗震能力是造成严重地震灾害的主要原因，应急管理水平低下也有一定程度的影响。

地震活动与地震构造

1. 区域地震活动与地震构造

南亚地区的北部边界是印度板块与欧亚板块之间陆陆碰撞产生的喜马拉雅构造带。该带地震活动极其活跃，汇聚速率高达 20mm/a，历史上发生过多次灾难性大地震，并主导了南亚地区现今的地震安全态势。西边界的恰曼断裂带长度超过 850km，1931 年和 1937 年发生过 2 次 7 级以上大地震。东边界的实皆断裂带的走滑速率也达到了 18mm/a，历史上仅 20 世纪就发生过 6 次 7 级以上的特大地震（图 4.1，图 4.2）。

1900 年以来，印度记录到 6.0 级以上地震 18 次，其中 7.0 ~ 7.9 级地震 3 次；巴基斯坦记录到 6.0 级以上地震 24 次，其中 8.0 ~ 8.9 级地震 1 次，7.0 ~ 7.9 级地震 6 次；尼泊尔记录到 6.0 级以上地震 14 次，其中 8.0 ~ 8.9 级地震 1 次，7.0 ~ 7.9 级地震 4 次；不丹记录到 6.0 级以上地震 2 次；克什米尔地区记录到 6.0 级以上地震 7 次，其中 7.0 ~ 7.9 级地震 1 次；孟加拉记录到 6.0 级以上地震 4 次，其中 7.0 ~ 7.9 级地震 2 次。

2. 地震监测能力

南亚地区中的喜马拉雅山南麓、中巴经济走廊北部、孟加拉南部地区、斯里兰卡等地地震监测能力最好，基本能够保证整体 4 级、大部地区 3 级地震不遗漏，除此之外的地区仅能保证 5 级地震不遗漏，整体地震监测能力较差，这与南亚地区整体地震灾害严重程度不匹配，严重制约了本地区地震灾害应对能力。值得注意的是，上述地震监测能力相对较好的地区，除斯里兰卡外基本上是受益于中国援建的地震监测台站（图 4.3）。

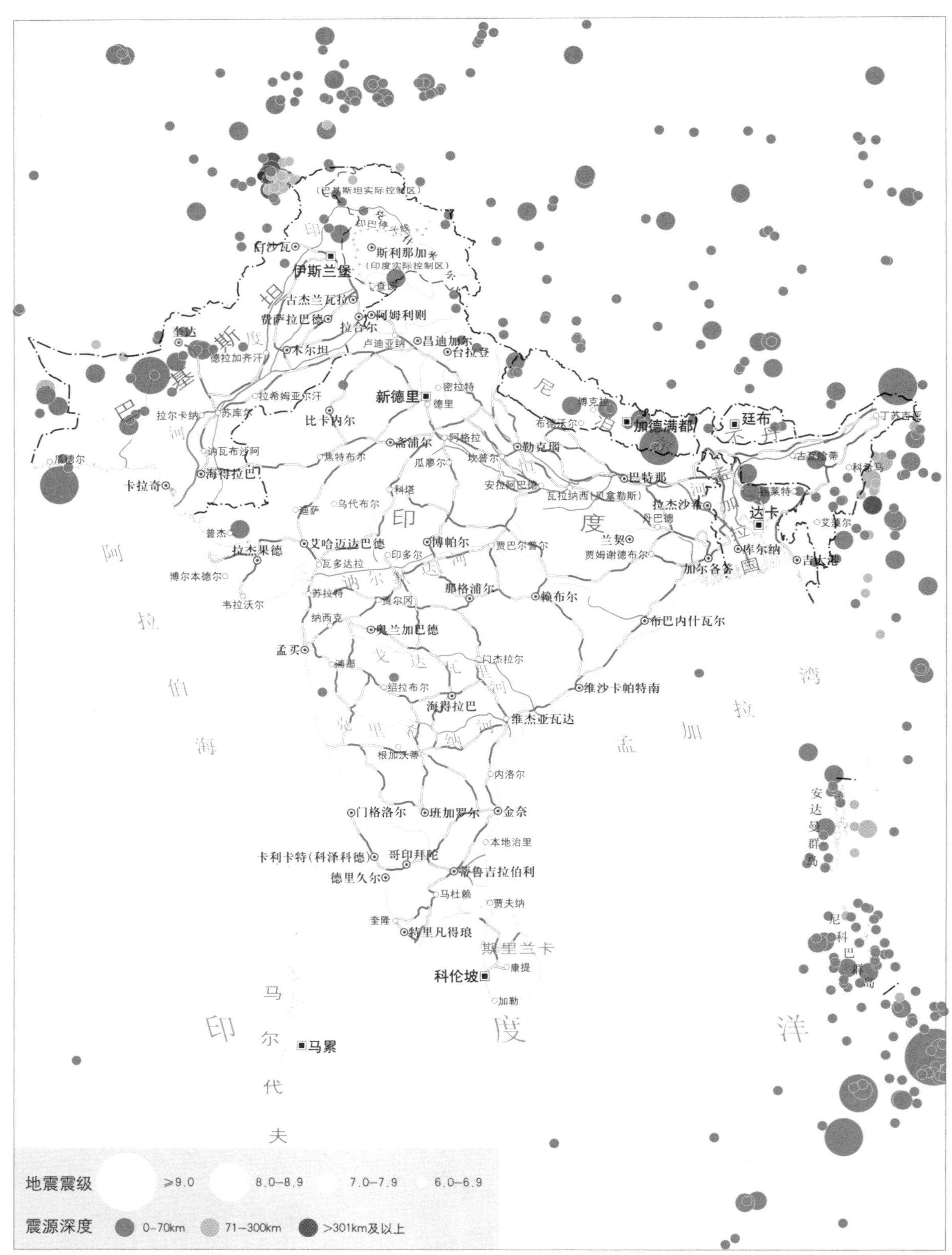

图 4.1 南亚及周边地区 6.0 级以上地震震中分布图

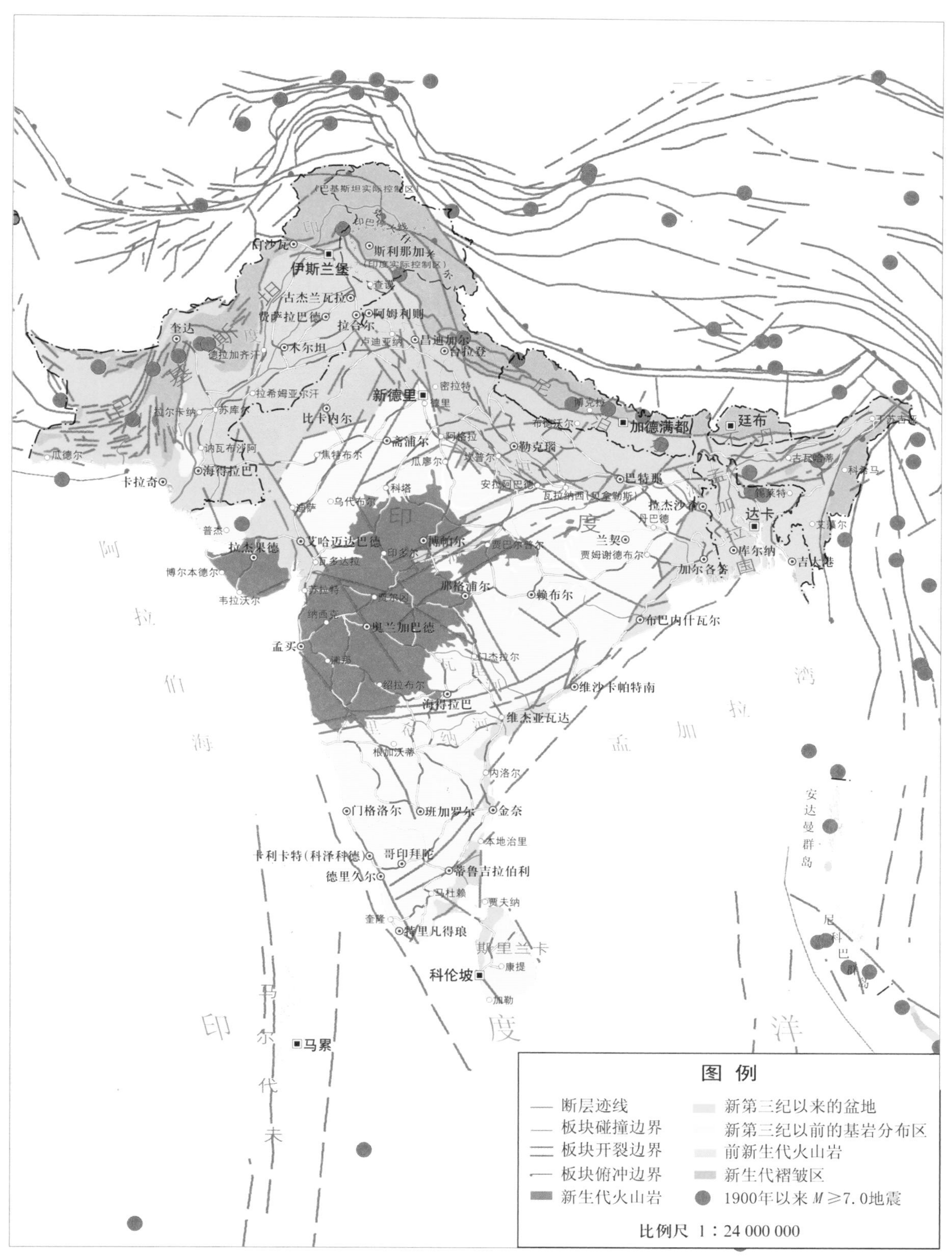

图 4.2 南亚及周边地区地震构造图

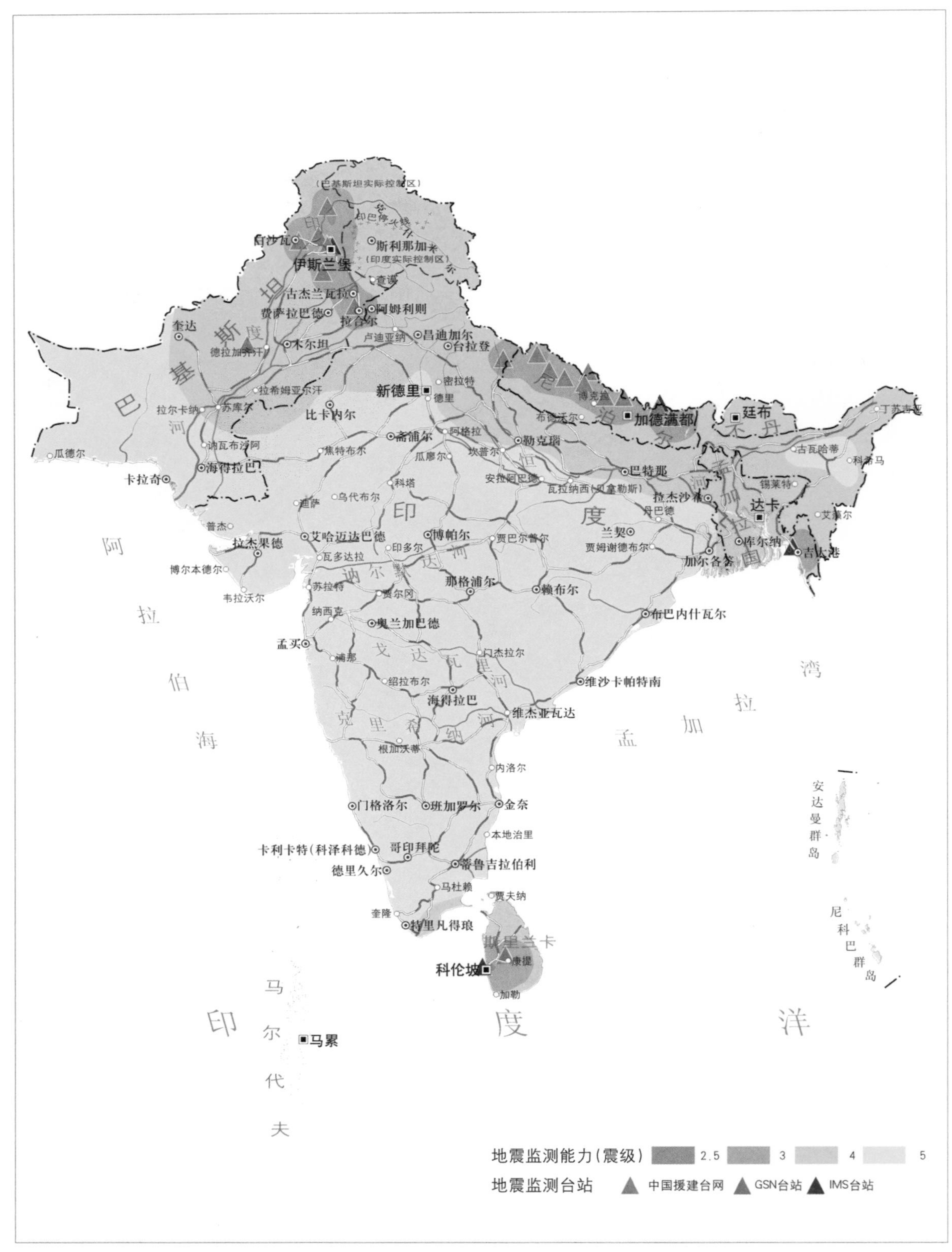

图 4.3　南亚地区理论地震监测能力分布图

地震危险性及地震灾害概述

1. 地震危险性

南亚 7 国的地震危险性总体上北部高于南部。整个南亚地区地震危险性最高的区域分布在未来丝绸之路经济带建设的重点地区——中巴经济走廊的北部地区，该地区主要受到喜马拉雅西构造结强震活动的影响，与中国川西、滇东的鲜水河—则木河—小江断裂带沿线地区相当。南亚地区北部、喜马拉雅山南麓，受板块强烈碰撞的影响，地震危险性较高。南部处于印度板块内部，地震危险性较低（图 4.4）。

2. 地震灾害概述

南亚地区地处印度洋板块向亚欧板块的俯冲带地区，地震频发，人口密度大，极易成灾。阿富汗、巴基斯坦、印度、尼泊尔和不丹都位于喜马拉雅地震带上，每年因地震灾害造成的的损失巨大。1935 年巴基斯坦奎达 8.1 级地震、2001 年印度古吉拉特 7.9 级地震、2005 年南亚 7.8 级地震、2015 年尼泊尔 8.1 级地震等，都造成了万人以上的死亡（图 4.5）。

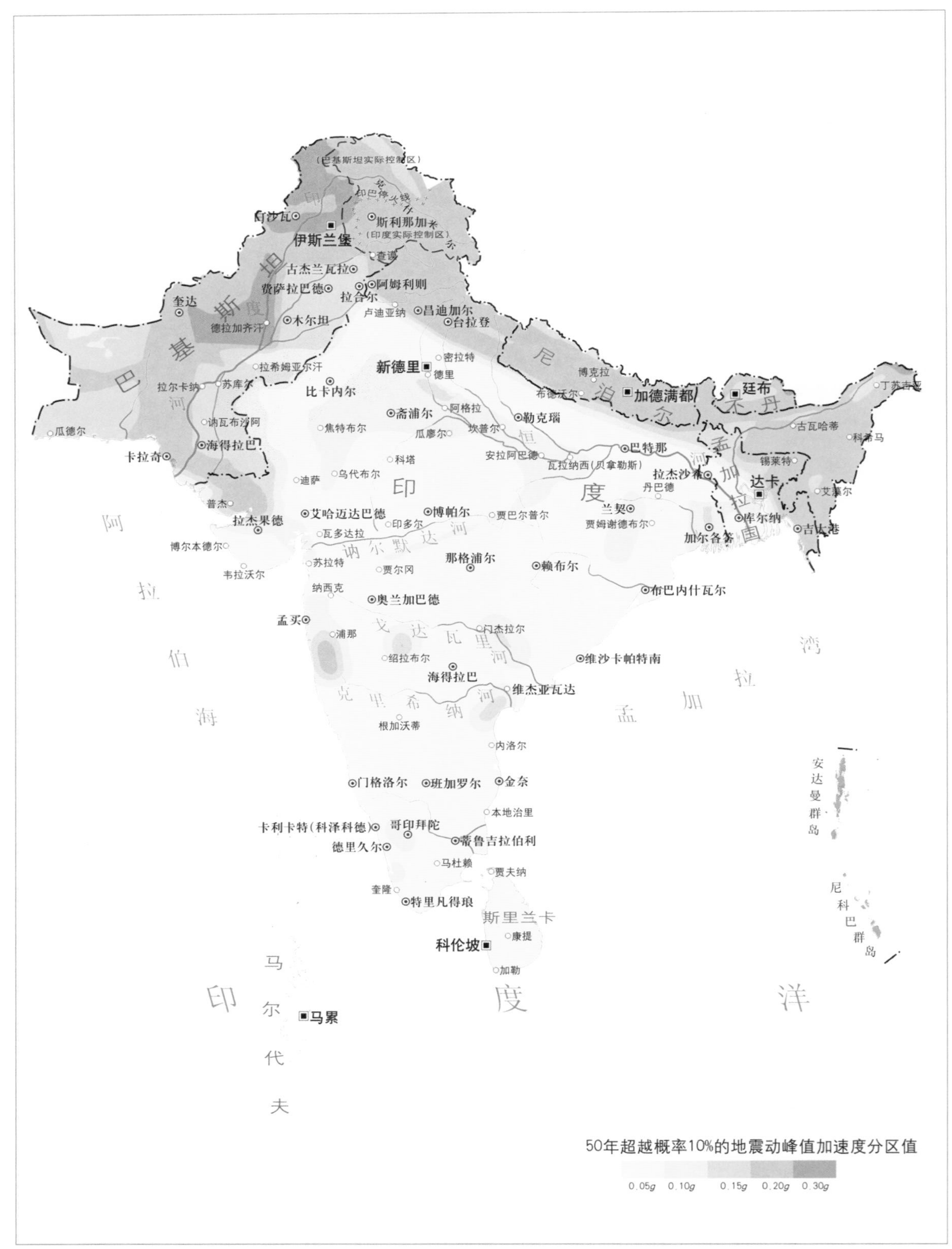

图 4.4　南亚地区 50 年超越概率 10% 的地震动峰值加速度分区图

图 4.5 1900 年以来南亚及周边地区重大地震灾害分布图

3. 重大地震灾害

（1）2001 年印度 7.9 级地震

图 4.6　印度古吉拉特 7.9 级地震建筑物破坏（维基百科）

2001 年 1 月 26 日 11 时 16 分，印度发生 7.9 级地震（图 4.6），震中位于古吉拉特邦（23.39° N，70.23° E），印度新德里和巴基斯坦境内都有感。这次地震的震级与我国 1976 年的唐山地震相当，震源深度也相当，均为 22km，破坏性极大。地震共造成 16480 人死亡，约 15 万人受伤，60 万人无家可归，受灾总人口达 1700 万，近 23 万栋建筑物倒塌，约 40 万栋受损，受灾村镇 8792 个，经济损失达 5000 亿卢比，约合 46 亿美元。

（2）2005 年南亚 7.8 级地震

图 4.7　南亚 7.8 级地震建筑物破坏（维基百科）

2005 年 10 月 8 日北京时间 11 时 50 分（当地时间 8 时 50 分），南亚发生 7.8 级地震，震中位于巴控克什米尔地区（34.54° N，73.59° E），距巴基斯坦首都伊斯兰堡东北约 95km。

此次地震造成 87350 人死亡（印控克什米尔地区 1350 人，巴基斯坦 8.6 万人，其中巴控克什米尔地区 75000 人），10 万多人受伤。全部受灾人口约 570 万，其中 88% 居住在交通不便的山地或深谷，50% 为 15 岁以下的少年儿童，共有 280 万人无家可归。地震摧毁了 20.36 万间房屋，造成 19.66 万间房屋受损（图 4.7）。造成的直接财产损失高达 23 亿美元，间接损失 5 亿美元，重建费用估计为 51.98 亿美元。

（3）2015 年尼泊尔 8.1 级地震

北京时间 2015 年 4 月 25 日 14 时 11 分尼泊尔发生 8.1 级地震，震中位于博克拉（28.15° N，84.70° E）（图 4.8）。震中附近为山地破碎地形，滑坡等次生灾害发生风险极高，建筑物类型以砌石结构、土砖房为主，抗震性能很差（图 4.9）。此次地震共造成 8604 人死亡，16808 人受伤，约 280 万人失去住所，受灾人口约 810 万，其中 4261210 人严重受灾，包括 170 万名儿童。

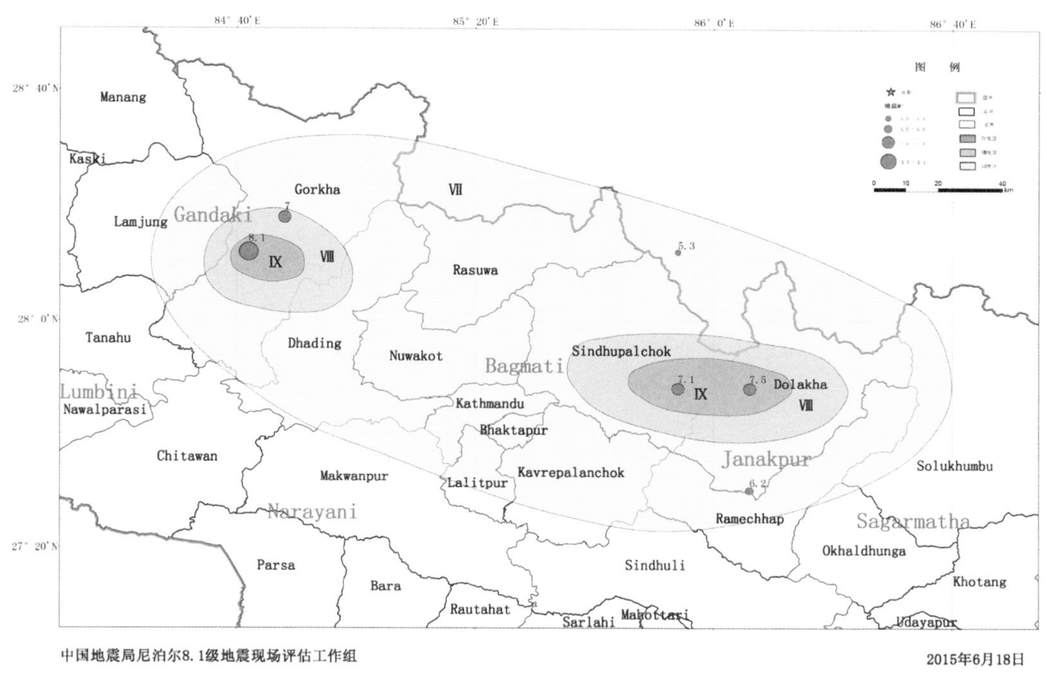

图 4.8　尼泊尔 8.1 级地震宏观烈度图（中国地震局现场评估组）

图 4.9　尼泊尔 8.1 级地震建筑物破坏（路透社）

抗震设防基本状况

1. 房屋建筑特点

图 4.10　尼泊尔典型的建筑结构

尼泊尔国内钢筋混凝土（RC）框架结构居多，在城市和城乡结合区分布较为广泛，是一种新型的建筑结构。这种结构在 1988 年 6.4 级地震后更为常见，结构由钢筋框架组成，然后将框架填入墙体中，有时也会先建墙再填入框架梁。由于建筑材料的问题和技术手段的相对落后，结构也存在一些问题，若正确设计和建造，则适合建造 3 ~ 4 层楼。图 4.10 即为典型的建筑结构。

图 4.11　不丹典型的建筑结构

在不丹，高层建筑结构较少，各种建筑多采用不丹传统的建筑艺术风格，墙面涂成红白双色，木结构的地方漆成彩绘，图案多为宗教内容。居民的住宅具有传统特色，两三层的土砌楼房，底下用来饲养家禽、堆放工具，上面居住。典型的建筑结构如图 4.11。

在孟加拉的农村和城市郊区，一般建筑结构为传统住宅类型——泥房子，通常由一个或两个单独的房屋组合，结构常见于洪水易发区，亦非常容易受到地震的破坏，其主要的承载系统是 1.5 ~ 3.0 英尺厚的土墙，屋顶由陶瓦、茅草或者铸铁组成，墙体和屋顶之间没有组合节点，故任何横向荷载都可能对其造成严重破坏。单层砖房的烧结砖是用水泥或者石灰砂浆制成，屋顶是镀锌铁或者其他材料，这种结构在 1918 年的地震中受损严重。图 4.12 为泥房子，图 4.13 为单层砖房。

图 4.12　泥房子建筑结构

图 4.13　单层砖房建筑结构

印度北部的喜马偕尔邦山地地区，由于缺乏木材料，且当地多暴雨和暴雪，建筑材料多选用碎石。然而由于干燥石墙平面内低、平面外硬，这些建筑拥有高易损性。而喜马偕尔邦的平原地区，为应对当地严峻的气候条件，建筑结构墙体为厚土墙、开小口，以避免室内受到外部恶劣环境的影响，多用于住宅和寺庙。图 4.14 为石屋建筑，图 4.15 为土房建筑。

图 4.14　石房建筑结构

图 4.15　土房建筑结构

在巴基斯坦，62.38% 的房屋为砖砌体结构，结构负荷系统固有的弱点、使用较差的建筑材料、缺乏具体的建设指导方针以及没有适用的建筑许可、法律规范、施工技术，导致了这种结构抗震能力低下。14.6% 的房屋为土坯结构，多数的土坯房由土坯砌体的单层结构和泥覆盖屋顶组成，这种建筑类型非常容易遭受地震破坏。10% ~ 15% 的房屋为钢筋混凝土结构，此结构在萌芽阶段，且比例在逐年上升。图 4.16 即为砖砌体结构，图 4.17 为土坯结构。

图 4.16 砖砌体结构

图 4.17 土坯结构

2. 房屋建筑抗震设防概况

（1）尼泊尔

规范名称：Nepal National Building Code/NBC105—Seismic Design of Buildings in Nepal；

版本 / 年代：1995；

设防烈度 / 设防水准：无设防烈度，对全国区域采用抗震区划系数 Z 进行标定（0.8~1.1）；

场地类别：按土体强度和组成分为 3 类场地；

设计采用水准：未明确指出设计采用的水准；

典型设计反应谱：针对钢筋混凝土框架结构，按 I 类场地，各抗震设防区域的典型反应谱如图 4.18 所示。

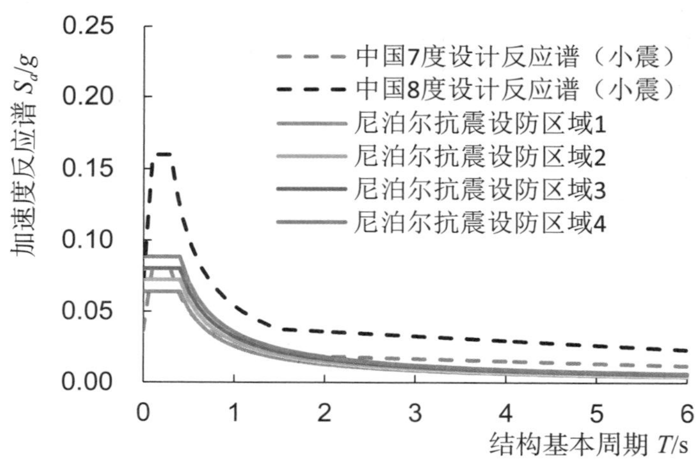

图 4.18 尼泊尔典型设计反应谱

（2）孟加拉国

规范名称：Bangladesh National Building Code；

版本 / 年代：2015；

设防烈度 / 设防水准：无设防烈度，对全国区域采用抗震区划系数 Z 进行标定，如图 4.19 所示；

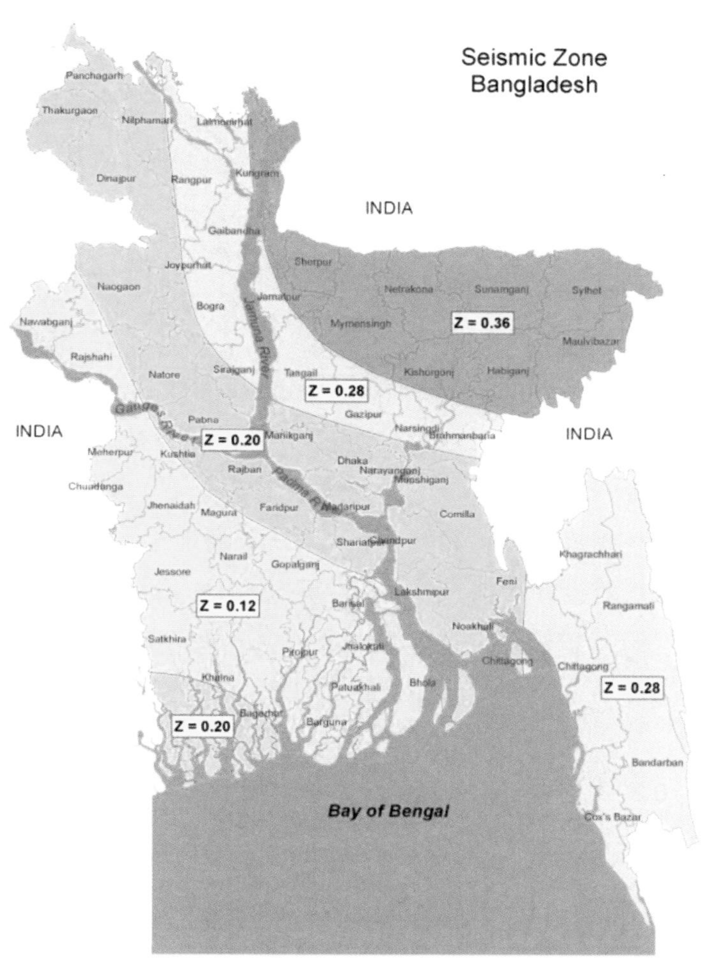

图 4.19　抗震区划系数 Z

建筑重要性系数：综合考虑倒塌造成的伤亡情况、震后短时间内公共安全、群众及社会和经济损失，根据建筑类别分为 3 类；

场地类别：5 类场地（剪切波速、标准贯入阻力、不排水抗剪强度、土的类型）；

设计采用水准：基于大震进行抗震设计；

典型设计反应谱：针对普通钢筋混凝土框架结构，各抗震设防区域的典型反应谱如图 4.20 所示。

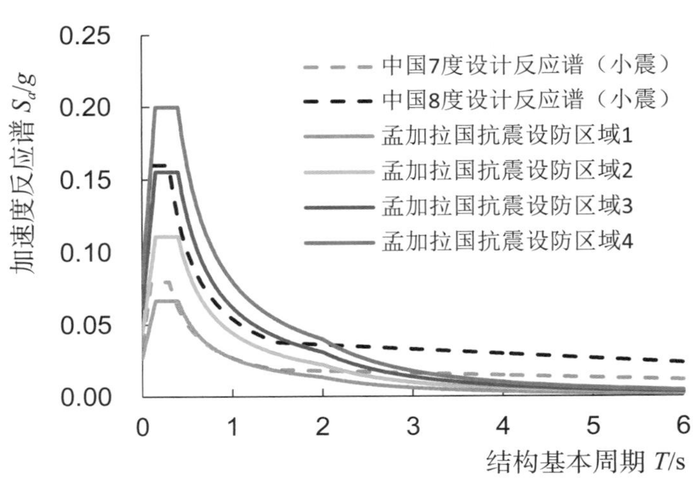

图 4.20　孟加拉国典型设计反应谱

（3）印度

规范名称：Criteria for Earthquake Resistant Design of Strictures；

版本 / 年代：IS：1893—1984；

设防烈度 / 设防水准：分为 5 个烈度区（Ⅰ，Ⅱ，Ⅲ，Ⅳ，Ⅴ，其中Ⅰ区不抗震）；

场地类别：根据土体组成与标准贯入值 N 分为三类场地；

设计采用水准：按大震设计，取大震下弹性反应的 1/2 作为设计值；

典型设计反应谱：针对钢筋混凝土框架结构，按Ⅰ类场地，阻尼比取 5%，各烈度区典型反应谱如图 4.21 所示。

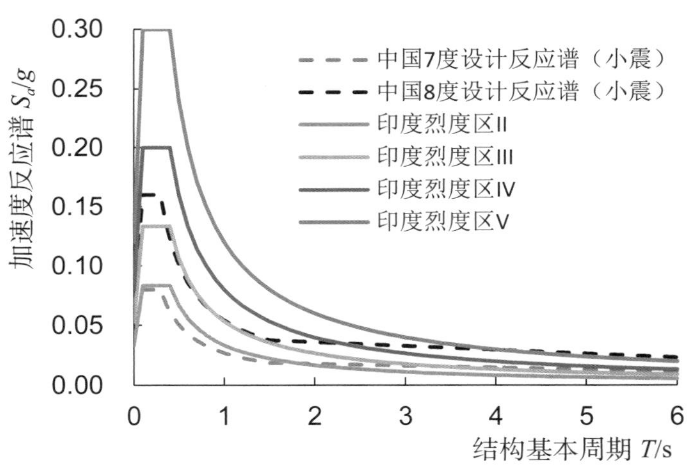

图 4.21　印度典型设计反应谱

未来地震灾害风险

南亚“一带一路”国家中，印度、巴基斯坦、孟加拉国和尼泊尔是地震最为活跃的地区。其中，印度为未来地震灾害高（A 级）风险国家（表 4.1），其他几个国家为地震灾害较高（B 级）风险国家。印度历史记载死亡千人以上地震事件达 12 次，单次地震最大死亡人数达 12.5 万人，总死亡人数接近 30 万人，未来地震高风险区主要位于印度北部和中西部；巴基斯坦历史记载死亡千人以上地震事件达 4 次，单次因地震死亡人数达到 8.6 万，总死亡人数约 15 万人，未来地震高风险区主要在巴基斯坦东北部、中西部和西南部；孟加拉历史记载死亡千人以上地震事件 1 次，死亡人数 2000 人，未来地震高风险区主要在孟加拉东北部。尼泊尔历史记载死亡千人以上地震事件 2 次（可能有遗漏），单次地震达到 0.89 万人死亡，总死亡人数约 1 万人，未来地震高风险区主要位于尼泊尔人口稠密地区。

南亚地区其他国家为未来地震灾害低（D 级）风险国家。

表 4.1　南亚地区地震灾情与未来风险估计（475 年重现期）

国家或地区	土地面积 / 10^4km	人口 / 万人	人口密度 / 人 / km^2	GDP/ 亿美元	人均 GDP/ 美元	历史记载千人以上死亡事件			未来地震风险等级
						事件数	单次事件最大死亡人数 / 万人	总死亡人数 / 万人	
尼泊尔	14.72	2850	194	211	750	2	0.89	1.00	B
不丹	3.80	78	21	22	2840				D
孟加拉	14.76	16000	1084	1952	1320	1	0.20	0.20	B
印度	298.0	129500	435	19900	1540	12	21.50	29.14	A
斯里兰卡	6.56	2048	312	749	3630				D
马尔代夫	9.00	34	4	30	8570				D
巴基斯坦	79.61	19700	247	2815	1430	4	8.60	15.23	B

地震灾害应急管理

1. 地震灾害应急管理概述

南亚国家的灾害应对体系近些年有了较大发展，但总体上地震灾害应对能力偏弱。目前，只有巴基斯坦有专业的国际队伍在 INSARAG 注册，印度、尼泊尔等国均没有注册的专业队伍。近些年的地震灾害应对中，在专业救援领域，主要依靠国际援助。我国与南亚的巴基斯坦、尼泊尔、阿富汗等国都有减灾救助领域的交流，并针对特定地震灾害开展了国际救援。

2. 典型国家地震灾害应急管理能力

（1）印度

印度是一个联邦制国家，具体的灾害应对和救灾工作由各邦政府全权负责。近些年，随着印度经济社会的发展，灾害应对体系也逐步完备，已经形成由中央政府作为最高领导机构，各邦、县和乡村分级管理灾害的应对体系。印度建立了专门的国家灾害应急反应部队，由国家灾害管理委员会统一指挥，共 8 个营、144 个分队、1000 余名队员。队伍经过专业搜救及针对核生化灾害的专门培训。

2006 年，印度通过了《灾害管理法》，要求各邦制定相应的法规，发布危机管理国家政策，进一步规范自然灾害等突发事件的应对。此外，在制度建设、预警机制及系统、灾后救助、宣传教育等方面开展大量工作，开展国际合作，进一步完善防灾减灾体系和组织架构。

（2）巴基斯坦

1958 年，巴基斯坦通过了《国家灾难法案》。2005 年南亚大地震后，建立了国家灾害管理局（NDMA），2010 年通过了国家灾害管理法案。目前，NDMA 是最高协调机构，其他相关机构在 NDMA 的统一协调下开展自然灾害应对。近些年，NDMA 非常重视灾害的培训教育，专业人员、民众应对灾害的能力和认知程度得到了比较大的提升。2010 年的灾害管理法案的 27 节，提出依据 INSARAG 标准在卡拉奇、拉和尔和伊斯兰堡建立应急救援队伍，但目前巴基斯坦还没有通过联合国测评的专业救援队伍。

总的来看，受政治、经济与社会发展程度的影响，巴基斯坦在灾害的管理协调、队伍与保障设施建设、技术支撑方面总体发展较为缓慢。一些地区在重大自然灾害后基本处于瘫痪状态，这在2005年的南亚大地震和2010年的洪水灾害都有反映。队伍建设、设施保障、宣传教育的能力亟待提高。

（3）尼泊尔

1982年，尼泊尔政府出台《灾害救助法》，由内务部、中央灾害救助委员会负责总体的灾害应对工作，并制定相关国家政策，开展灾害应对的具体管理、协调和政策实施。各地区建立相应的机构开展本区内的灾害应对工作。尼泊尔目前在灾害管理的队伍、保障措施、宣传教育、预警系统、安置恢复等方面整体比较薄弱，主要依靠外来援助，未来提升本国灾害管理与应对能力的任务艰巨。

■ 地球物理场及地壳运动特征

1. 布格重力异常

南亚地区的布格重力异常，从北往南呈现负异常到正异常梯级分布，分为 3 个明显的异常区域。在陆地北部，与中国青藏高原接壤地区存在 −200mGal 左右的负异常，陆地南部地区均为 +100mGal 上下的正异常，而阿拉伯海和孟加拉湾等区域的正异常最大幅值高至 +400mGal。

南亚地区典型的布格重力异常特征是在其北部与中国大陆接壤区域存在着从 −500mGal 到 0 异常突变的梯级带，所对应的是印度板块与欧亚板块剧烈碰撞产生的喜马拉雅构造带，是一条强震活跃、巨灾频发的大型活动构造带，历史上发生过多次灾难性大地震，如 2015 年尼泊尔 8.1 级地震（图 4.22）。

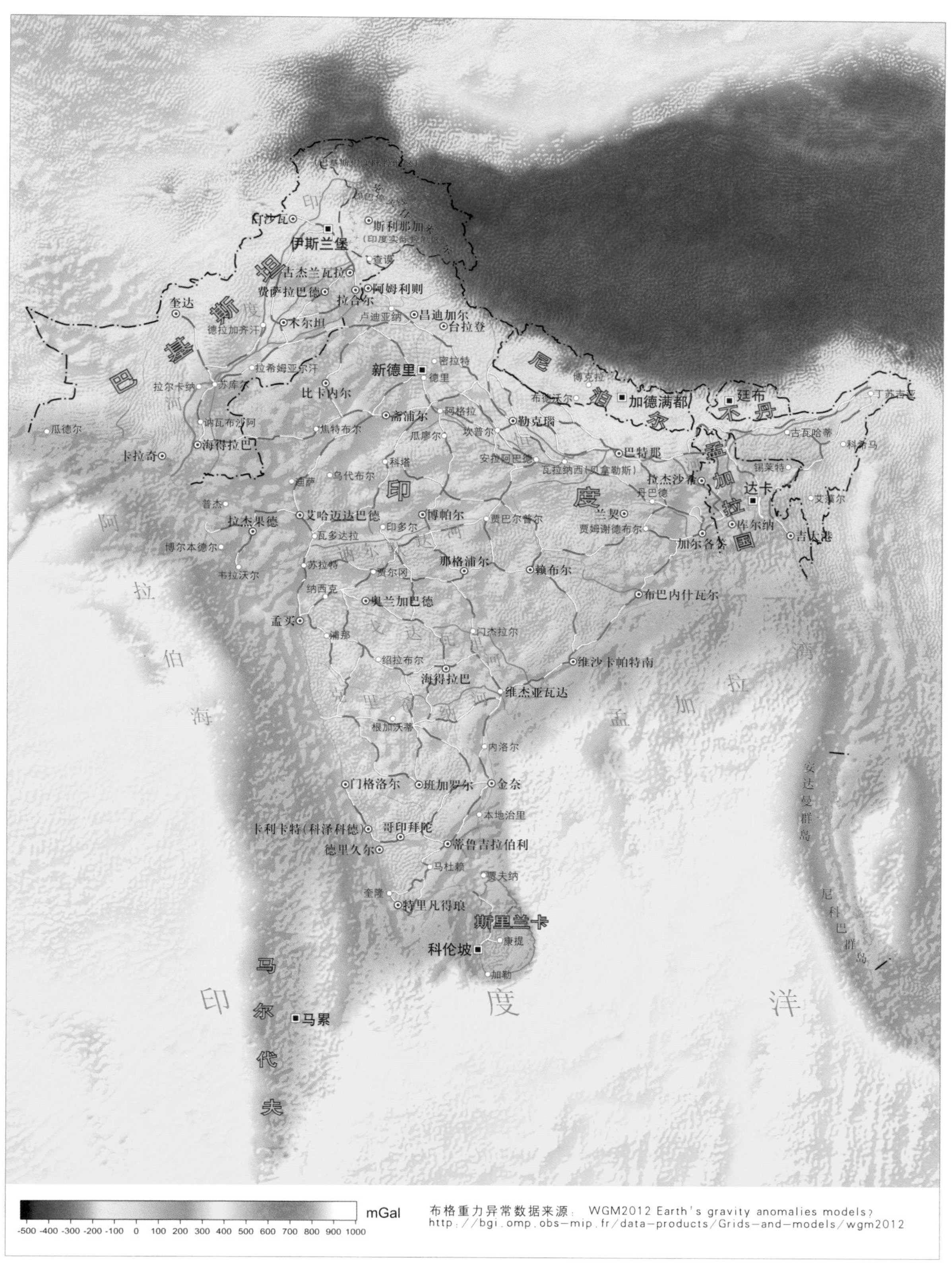

图 4.22　南亚及周边地区布格重力异常分布图

2. 地磁异常

南亚地区陆地地磁异常数据从整体上看普遍精度不高、缺失严重，包括南亚北部的巴基斯坦、尼泊尔、不丹等国家几乎完全缺失数据，印度北部地区数据精度较低，西部沿海近海海域数据缺失。在海域上，地磁异常条带分明，呈正负相间分布。

地震活动频繁的北部地区与喜马拉雅造山带相连，地震活动频繁，灾害风险高，同时该地区构造运动剧烈，具有构造运动、地球内部结构等研究的科学意义。遗憾的是目前该地区地磁异常数据缺失，针对该区域的地磁异常数据补充完善，对区域灾害风险评估及区域构造运动研究，具有十分重要的意义（图 4.23）。

图 4.23　南亚及周边地区地磁异常分布图

3. 地壳运动特征

南亚地区GPS水平速度场主要由印度、巴基斯坦、尼泊尔境内的GPS观测站，以及少量孟加拉国、不丹、马尔代夫境内的观测站数据构成，数据采用欧亚固定参考系（Eurasia）。印度半岛主体以40mm/a左右的速度向青藏高原方向运动，南亚地区多数国家处于印度板块与欧亚板块的交界处，地壳运动剧烈，地震活动也较频繁。

印度、尼泊尔、不丹、孟加拉国以及马尔代夫境内GPS水平速度场较一致，相对欧亚板块以北东向运动（约40mm/a）；尼泊尔、不丹、孟加拉国，以及印度北部北阿坎德邦、东北部阿萨姆邦等国家或地区境内，GPS水平速度场较大，有地震分布；印度中部、南部保持较大的GPS水平速度，地震分布很少，表明印度板块整体的刚性北东向运动。安达曼—尼克巴群岛具有较大速度的北东向运动，方向与南亚北部一致，此处有较多地震分布。

巴基斯坦北部、兴都库什山脉附近的GPS水平速度场达到30 ~ 40mm/a，以北向为主；克什米尔北部地区以北向运动为主（约30mm/a）；巴基斯坦北部靠近兴都库什山脉附近处于板块边界地带，地震分布较多；巴基斯坦西部俾路支省西南沿海地区GPS水平运动速度相对较小（约10 ~ 20mm/a），以北东向为主，而靠近该省东边界的地区GPS速度明显较大（20 ~ 30mm/a），方向以北向为主，该省属于地震多发地区。

马尔代夫境内GPS水平速度场以北东向（40mm/a）为主，与印度半岛中南部运动特征相似，由于处于印度板块内部，地震较少发生（图4.24）。

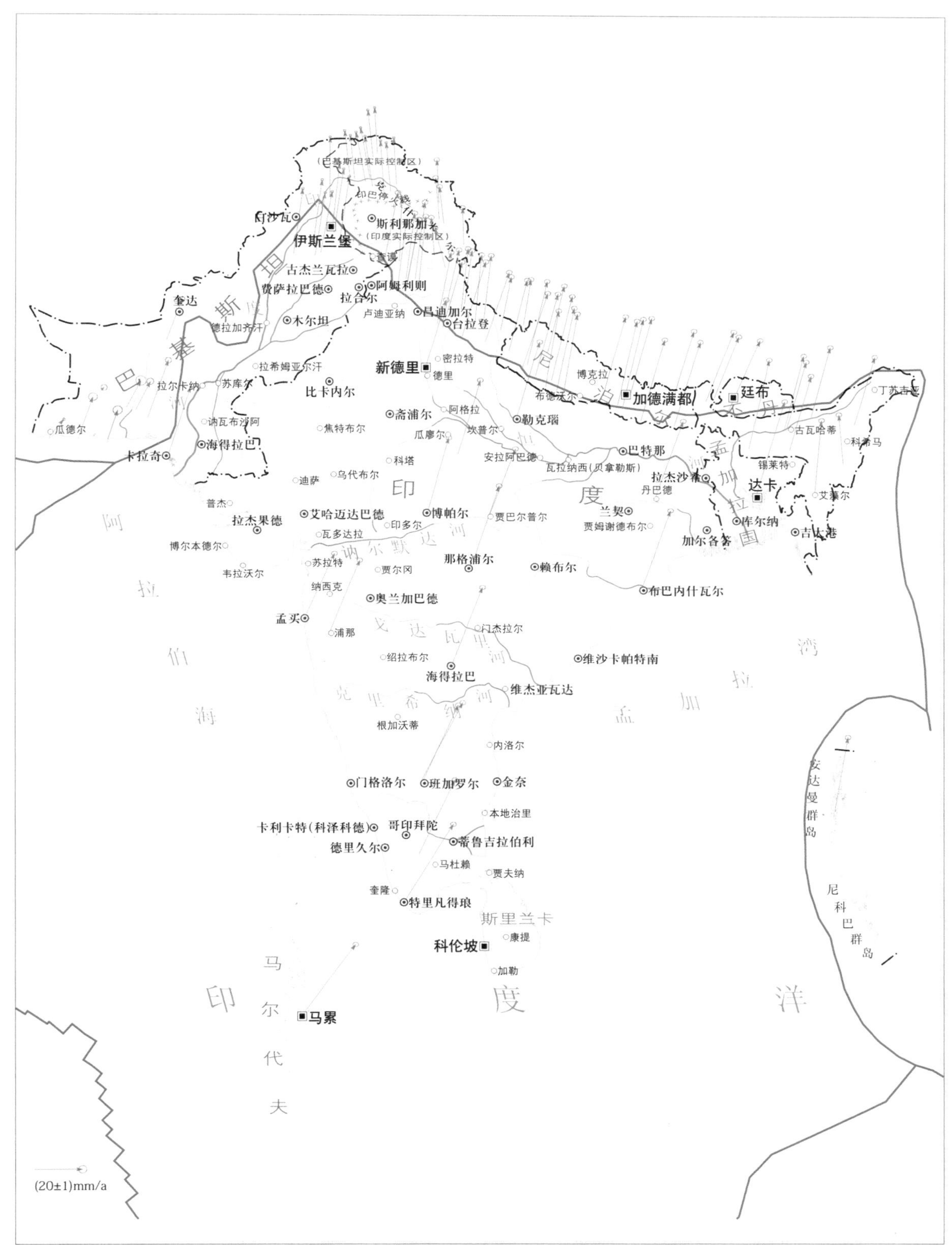

图 4.24　南亚及周边地区 GPS 水平运动速度场

图中红色箭头表示 GPS 观测水平运动速度，箭头处圆圈表示观测误差，褐色实线表示全球构造板块边界

"一带一路"沿线国家中位于中亚的包括：阿富汗伊斯兰共和国、乌兹别克斯坦共和国、哈萨克斯坦共和国、吉尔吉斯斯坦共和国、塔吉克斯坦共和国、土库曼斯坦，共 6 个国家。

第五章 中亚地区地震安全概况

中亚地区的活动构造及地震活动主要集中在南部西天山地区和帕米尔高原地区，其中天山北部的吉尔吉斯斯坦和哈萨克斯坦境内曾发生多次强震，由于印度板块俯冲，帕米尔高原成为中亚地区唯一存在深源地震（深度大于 300km）活动的区域。中亚地区的地震高危险区及严重地震灾害均分布在上述区域，未来地震风险也将会集中在这个范围内。中亚各国受俄罗斯的影响，在政府部门中都设立了紧急情况部，对有效减轻灾害损失、提高减灾救灾的国家综合能力发挥了重要作用。

地震活动与地震构造

1. 区域地震活动与地震构造

印度板块持续向北推挤，在青藏高原北部的中亚地区产生一系列活动断层以及地震活动带，主要分布在喜马拉雅西构造北部的兴都库什—帕米尔—喀拉昆仑山脉一线和中国新疆—吉尔吉斯斯坦境内的西天山地区。帕米尔高原周边由多个独立块体拼接而成，块体之间多为逆冲兼有走滑的活动断裂，地震活跃。天山南北两侧构造带以逆冲—背斜构造为主，地震活动频繁。西天山南侧阿图什—柯坪断裂带自帕米尔高原沿阿莱峡谷向东延伸至塔里木盆地北部，曾发生 1902 年 8 月 22 日阿图什 $M_S8.2$ 地震。天山北部的吉尔吉斯斯坦和哈萨克斯坦境内曾发生多次强震，包括 1887 年 6 月 9 日维尔内 $M7.3$ 地震、1911 年 1 月 3 日川克敏（chon-Kemin）$M8.2$ 地震（该区域记录到的最大板内逆冲型地震）以及 1992 年 8 月 19 日苏乌萨米尔 $M_S7.3$ 地震（图 5.1，图 5.2）。

1900 年至今，哈萨克斯坦记录到 6.0 级以上地震 7 次，其中 7.0 ~ 7.9 级地震 2 次；乌兹别克斯坦记录到 6.0 级以上地震 7 次，其中 7.0 ~ 7.9 级地震 3 次；吉尔吉斯斯坦记录到 6.0 级以上地震 16 次，其中 7.0 ~ 7.9 级地震 4 次；塔吉克斯坦记录到 6.0 级以上地震 10 次，其中 7.0 ~ 7.9 级地震 3 次；土库曼斯坦记录到 6.0 级以上地震 4 次，其中 7.0 ~ 7.9 级地震 3 次；阿富汗记录到 6.0 级以上地震 99 次，其中 7.0 ~ 7.9 级地震 21 次。

2. 地震监测能力

中亚地区的地震监测能力整体较差，大部分地区只能保证 5 级左右地震不遗漏。地震监测能力相对较好的区域是中亚地区的几乎整个东南部边界和东北部边界，以及哈萨克斯坦西北边界局部地区和土库曼斯坦南部边界局部地区，能够保证整体 4 级地震不遗漏、现有台站周边 3 级地震不遗漏（图 5.3）。

图 5.1　中亚、阿富汗及周边地区 6.0 级以上地震震中分布图

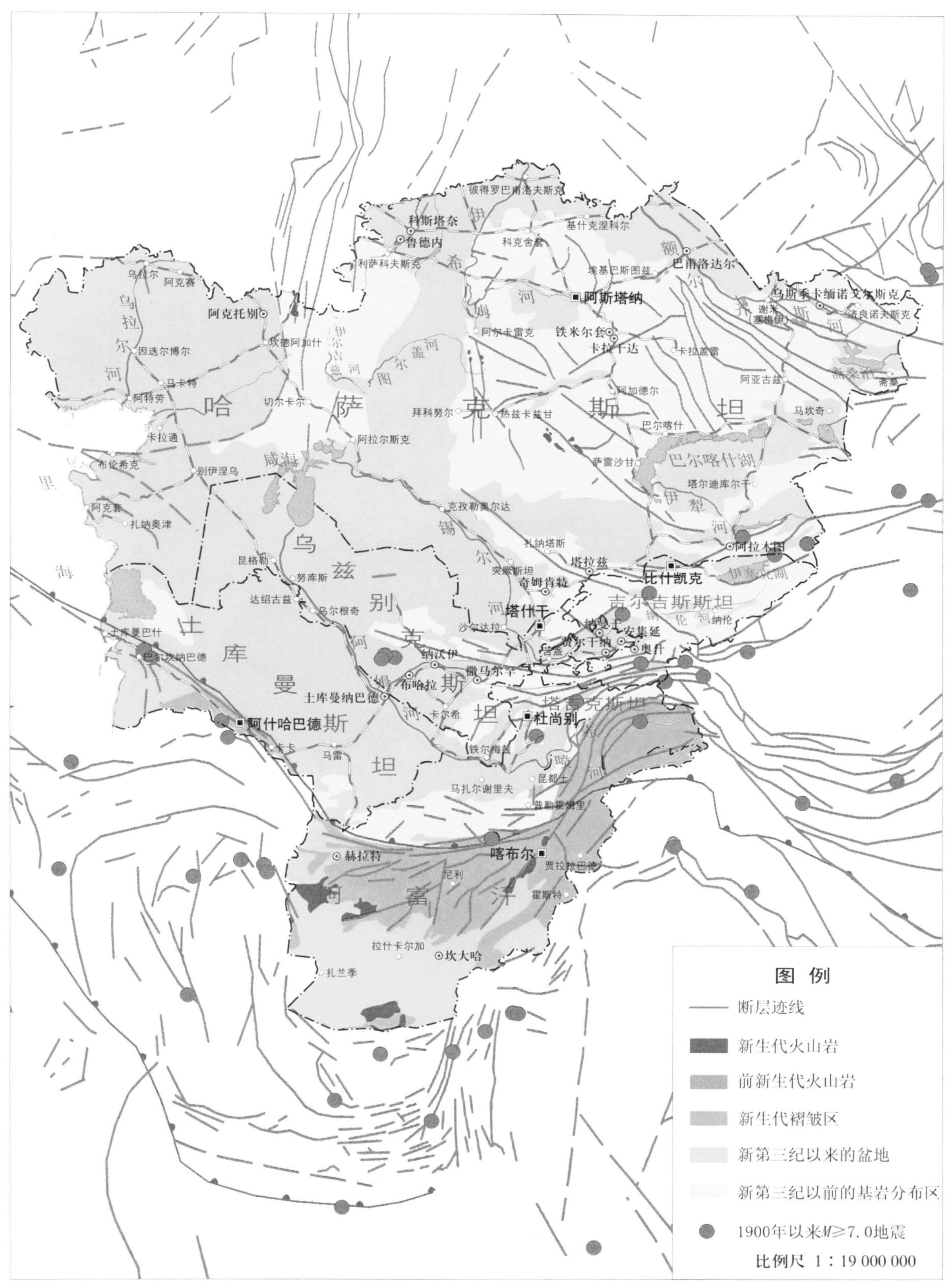

图 5.2　中亚、阿富汗及周边地区地震构造图

图 5.3　中亚、阿富汗地区理论地震监测能力分布图

■ 地震危险性及地震灾害概述

1. 地震危险性

中亚 6 国的地震危险性总体较低，但其南部地处欧亚地震带，尤其是东南部地区受到天山构造带向西延伸段构造活动的影响，在整个中亚地区地震危险性水平最高，与临近的中国喀什地区类似。土库曼斯坦南部地区及阿富汗北部和东部地区，地震危险性仅弱于上述地震及构造强烈活动地区。相对地，中亚北部地区及阿富汗西南地区地震危险性整体较弱（图 5.4）。

2. 地震灾害概述

中亚各国自然灾害多发，地震、塌方、洪水等自然灾害时有发生，临近中国新疆的塔吉克斯坦等国，地处天山地震带西延地区，经常受到中国境内地震的影响。1900 年以来，单次死亡千人以上的地震绝大多数发生在中亚南部的帕米尔—西天山地区，在土库曼斯坦与伊朗边界也发生过两次严重地震灾害（图 5.5）。

图 5.4 中亚、阿富汗地区 50 年超越概率 10% 的地震动峰值加速度分区图

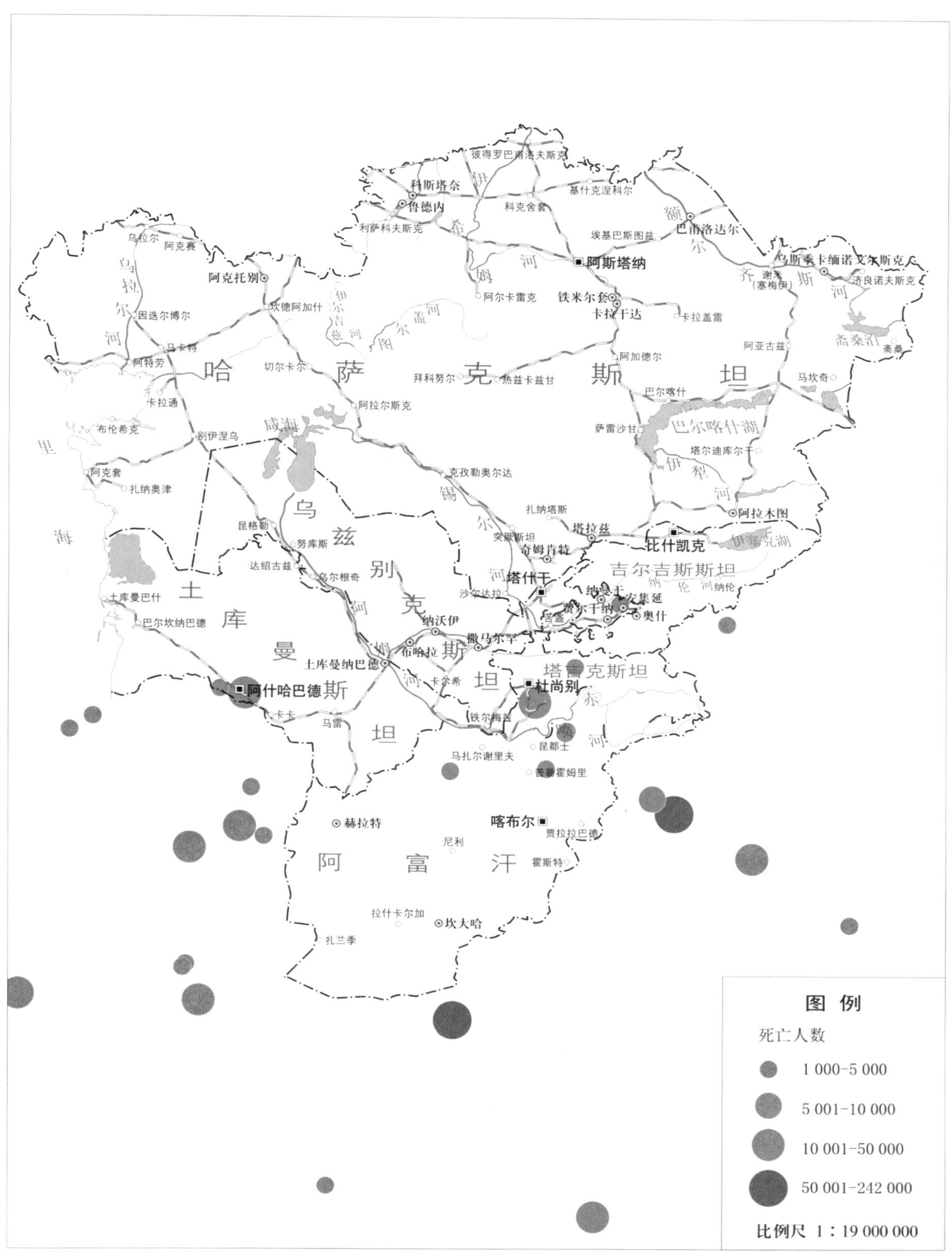

图 5.5 1900 年以来中亚、阿富汗及周边地区典型地震灾害分布图

抗震设防基本状况

在乌兹别克斯坦，混凝土平面结构主要应用于住宅和公共建筑。这种建筑的优点在于建筑材料较为普遍，且同一栋楼既可以作为住宅又可以作为公共建筑。缺点是当建筑位于地震多发区时，结构连接处易损性较高。在某些情况下可导致非承重墙和外墙板坍塌（图 5.6）。

图 5.6　乌兹别克斯坦典型的建筑结构

图 5.7　大板混凝土结构

带有两堵内纵墙的大板混凝土结构是哈萨克斯坦南部典型的城市住宅建筑类型，一般 5 ~ 9 层高。该结构专门为高地震灾害的地区设计，这种建筑类型（有两堵内纵墙）与其他大型面板建筑类型（通常只具有一堵纵墙）相比抗震稳定性更好。大板建筑通常以其良好的耐震性而著称，1988 年斯皮塔克地震时，在亚美尼亚与之相似的大板建筑结构（一个纵向内墙）并未受损，而其他建筑类型（主要是混凝土框架结构）却遭受严重损坏或者坍塌（图 5.7）。

■ 未来地震灾害风险

中亚 6 国中，乌兹别克斯坦、阿富汗和吉尔吉斯为未来地震灾害较高（B 级）风险国家，哈萨克斯坦、塔吉克斯坦和土库曼斯坦为未来地震灾害中等（C 级）风险国家（表 5.1）。其中，阿富汗和乌兹别克斯坦历史记载单次地震最大死亡人数分别为 0.40 万人和 1.5 万人，史载地震死亡总人数分别为近 1 万人和近 2 万人，未来地震风险相对较高。

表 5.1　中亚、阿富汗地区地震灾情与未来风险估计（475 年重现期）

国家或地区	土地面积 / 10^4km	人口 / 万人	人口密度 /（人 / km^2）	GDP/ 亿美元	人均 GDP/ 美元	历史记载千人以上死亡事件			未来地震风险等级
						事件数	单次事件最大死亡人数 / 万人	总死亡人数 / 万人	
阿富汗	64.75	3270	51	194	680	4	0.40	0.93	B
乌兹别克斯坦	44.74	3100	69	2228	7020	2	1.50	1.99	B
哈萨克斯坦	272.5	1761	6	1784	10100				C
吉尔吉斯斯坦	19.99	566	28	78	1380				B
塔吉克斯坦	14.31	840	59	65	830	2	1.20	1.55	C
土库曼斯坦	49.12	700	14	28820	5200	3	1.98	2.68	C

■ 地震灾害应急管理

中亚各国受俄罗斯的影响，在政府部门中都设立了紧急情况部，负责全国的灾害管理和应对工作。在国家防灾减灾体制框架内，中央政府和地方的执行机构及其他组织共同实施救灾行动。州、地区和市一级部门参与救灾的还有民防和军事机构、应急医疗中心、应急救灾单位、消防救援力量、培训中心、地方救护队和企业等。在硬件基础设施建设方面，也配备了相应的应急救援设备，建立了信息网络中心和指挥中心，及时开展灾情收集、辅助决策和信息发布等。

上述机构和部门对中亚国家有效减轻灾害损失、提高减灾救灾的国家综合能力发挥了重要作用，为社会经济发展提供了基础保障。但受经济发展缓慢等因素及管理体制方面弊端的影响，这些国家应对灾害的能力仍有很大的提升空间。在专业救援队伍建设方面，目前只有哈萨克斯坦的一支队伍（KAZEMERCOM）在 INSARAG 注册，人数约 70 人，但未通过联合国测评。

近几年，在上海合作组织框架内，中国和中亚国家开展了定期的减灾及应急领域的合作，取得的进展和成效明显。联合培训、演练等活动的开展，推动了地区间国家建立协调顺畅的应对灾害等突发事件的合作机制。

地球物理场及地壳运动特征

1. 布格重力异常

中亚地区的布格重力异常值在 −500 ~ +100mGal 之间，从东至西递减。中亚大部分地区，如哈萨克斯坦、土库曼斯坦和乌兹别克斯坦大部分地区布格重力异常值为 +100mGal 上下。典型的布格重力异常分布在与中国接壤的塔吉克斯坦、吉尔吉斯斯坦、阿富汗等国家，大部分地区异常值低至 −300 ~ −200mGal 之间，且位于异常负到正的梯级带上，该地区受印度板块的持续向北推挤，在青藏高原北部的中亚地区（主要集中在南部西天山地区和帕米尔高原地区）产生一系列活动断层以及地震活动带，历史上曾发生多次强震，地震风险性较高（图 5.8）。

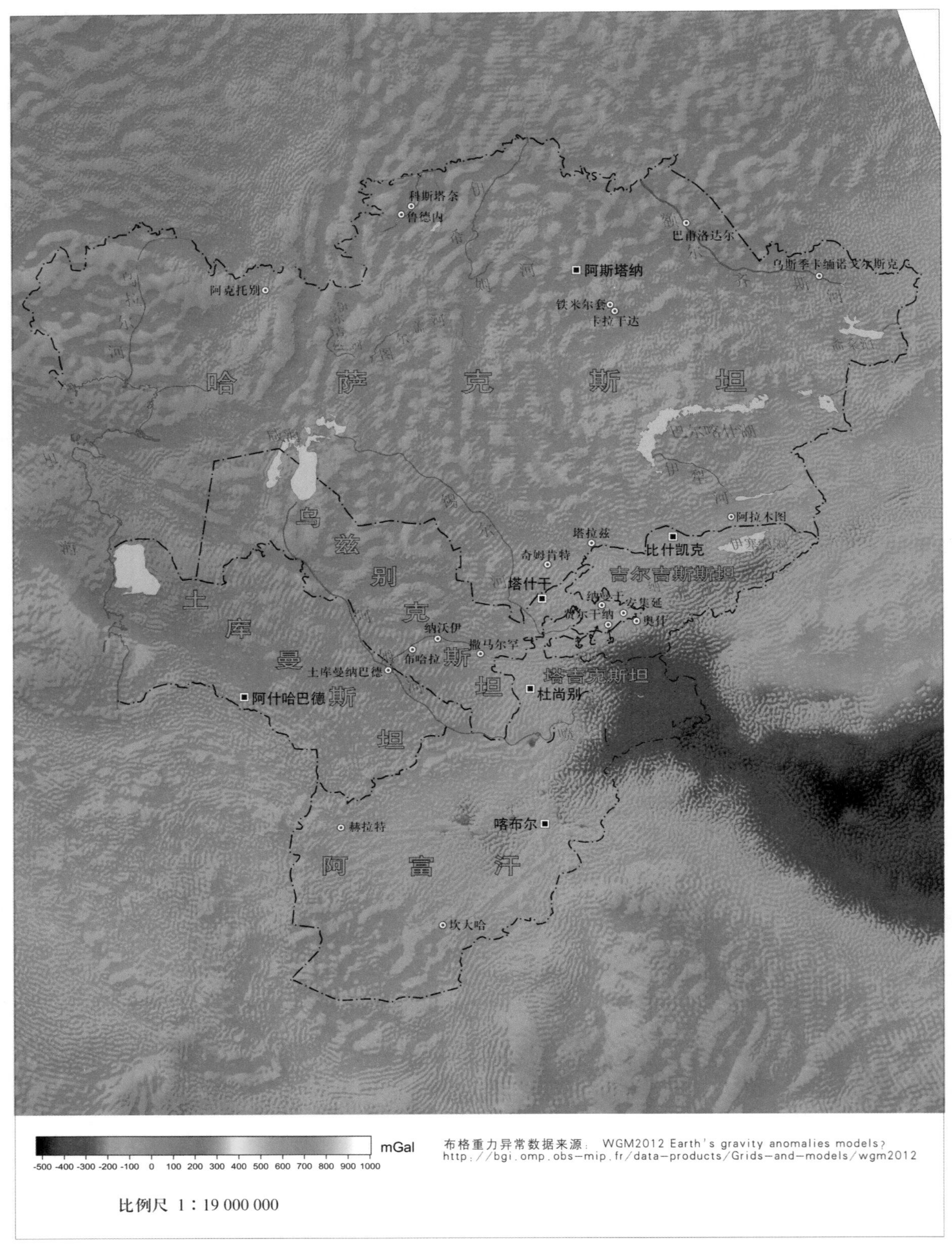
科斯塔奈
鲁德内
阿克托别
巴甫洛达尔
乌斯季卡缅诺戈尔斯克
阿斯塔纳
铁米尔套
卡拉干达
哈
萨
克
斯
坦
巴尔喀什湖
阿拉木图
塔拉兹
比什凯克
奇姆肯特
吉尔吉斯斯坦
乌
兹
别
克
斯
坦
塔什干
纳曼干
安集延
费尔干纳
奥什
纳沃伊
撒马尔罕
布哈拉
土
库
曼
斯
坦
土库曼纳巴德
阿什哈巴德
塔吉克斯坦
杜尚别
赫拉特
喀布尔
阿
富
汗
坎大哈
mGal
-500 -400 -300 -200 -100 0 100 200 300 400 500 600 700 800 900 1000
布格重力异常数据来源： WGM2012 Earth's gravity anomalies models?
http://bgi.omp.obs-mip.fr/data-products/Grids-and-models/wgm2012
比例尺 1：19 000 000

图 5.8 中亚、阿富汗及周边地区布格重力异常分布图

2. 地磁异常

中亚地区地磁异常数据除阿富汗东部局部缺失外，整体覆盖情况较好。大部分地区地磁异常条带成片分布，其中土库曼斯坦和阿富汗北部地区存在较大范围的地磁正异常，幅值达 +150nT；哈萨克斯坦和吉尔吉斯斯坦境内也存在地磁正异常条带。塔吉克斯坦和乌兹别克斯坦存在大范围的地磁负异常，幅值低至 −100nT。

中亚地区的活动构造及地震活动主要集中在南部西天山地区和帕米尔高原地区，其中天山北部的吉尔吉斯斯坦和哈萨克斯坦境内曾发生多次强震，该区域内地磁异常呈正负条带相间分布，异常特征明显（图 5.9）。

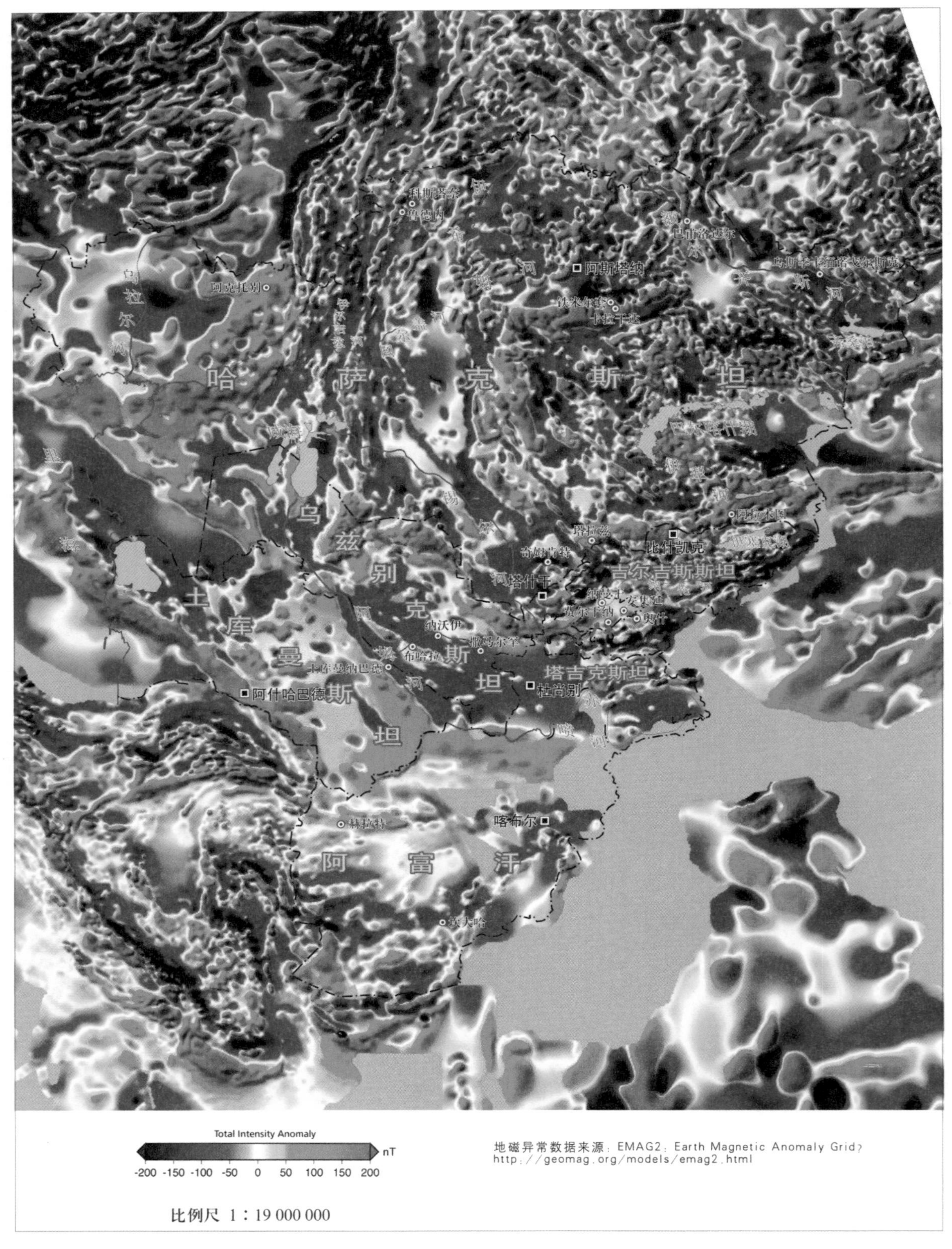

图 5.9　中亚、阿富汗及周边地区地磁异常分布图

3. 地壳运动特征

中亚地区 GPS 水平速度场主要由吉尔吉斯斯坦、塔吉克斯坦境内的 GPS 观测站，并少量哈萨克斯坦、乌兹别克斯坦境内的观测站数据构成，数据采用欧亚固定参考系（Eurasia）。中亚大部分地区速度小于 20mm/a，以北或北偏东运动为主，运动速度由南向北减小。该地区地震多分布于吉尔吉斯斯坦、塔吉克斯坦和阿富汗境内。

吉尔吉斯斯坦境内 GPS 速度场以北向运动为主，东部与南部运动速度较大，少数达到 20mm/a；西部及西北部地区速度场迅速减小，但仍以北向运动为主；境内地震多集中在天山山脉与阿赖山脉。

塔吉克斯坦境内 GPS 水平速度场以北西向或西向运动为主，帕米尔高原运动速度较大（>20mm/a）；东部地区速度相对减小（约 20mm/a），以西向为主；西北部地区速度减小至 5mm/a 以下；其境内速度场从东向西由北向运动逐渐转为西向运动；塔吉克斯坦境内东西两侧均有地震发生，在中北部阿赖山脉及东北边境地区地震相对频繁。

哈萨克斯坦东部地区运动速度小于 10mm/a，中部、南部减小至 5mm/a 以下，以北向为主；哈萨克斯坦东南部天山山脉为地震多发地区；中部和西部地区相对欧亚大陆稳定，地震很少发生。

乌兹别克斯坦境内数据较少，GPS 水平速度场以北西向为主，速度很小（<5mm/a），境内地震集中在中南部地区。

土库曼斯坦西部巴尔坎山脉附近以及西南部科佩特山脉有地震分布；阿富汗境内地震主要分布于东北部的兴都库什山脉；暂时缺少土库曼斯坦及阿富汗境内的 GPS 观测数据（图 5.10）。

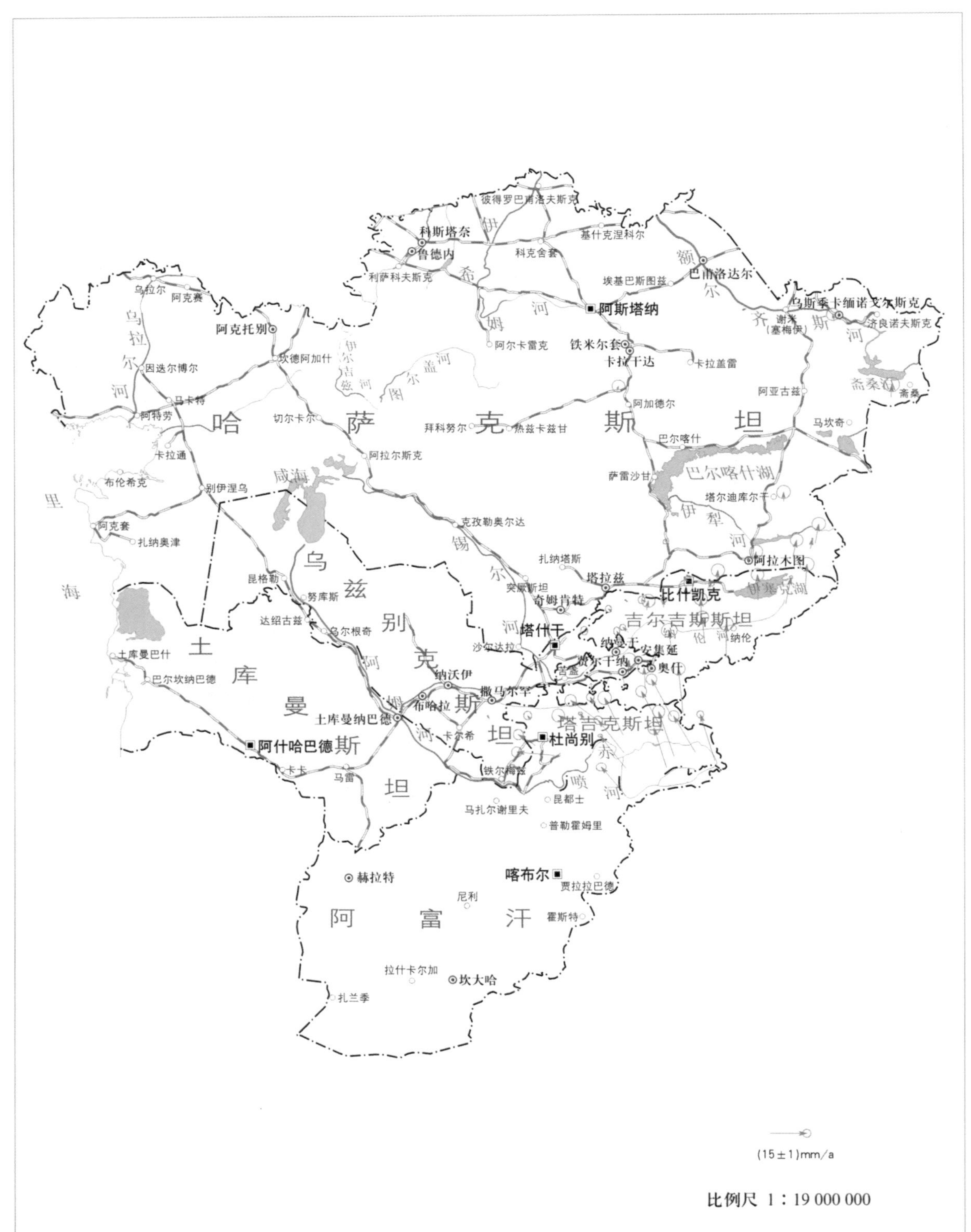

图 5.10 中亚、阿富汗及周边地区 GPS 水平运动速度场

图中红色箭头表示 GPS 观测水平运动速度，箭头处圆圈表示观测误差，褐色实线表示全球构造板块边界

“一带一路”沿线国家中位于西亚的包括：巴勒斯坦国、阿曼苏丹国、也门共和国、约旦哈希姆王国、阿拉伯联合酋长国、黎巴嫩共和国、巴林王国、阿拉伯叙利亚共和国、以色列国、亚美尼亚共和国、伊朗伊斯兰共和国、卡塔尔国、沙特阿拉伯王国、阿塞拜疆共和国、格鲁吉亚、伊拉克共和国、科威特国、土耳其共和国，共 18 个国家。

第六章

西亚地区地震安全概况

西亚地区的地震构造主要是阿拉伯板块与周边板块发生离散和汇聚作用的结果。由于阿拉伯板块的完整性，该地区的地震构造主要发育在其与周边板块的边界上，包括西部和西北部的塞浦路斯俯冲带、死海转换断层和东安纳托利亚断裂，北部和东北部的比特力斯缝合带和两伊边界的扎格罗斯逆冲带，以及黑海与里海之间主高加索逆冲断层。破坏性地震活动也主要沿上述几个条带分布，1988 年发生的死亡超过 5.5 万人的亚美尼亚地震、7 次死亡 1 万到 5 万人之间的严重地震灾害都发生在上述地区，灾害严重的原因除地震震级高、能量释放集中外，当地房屋抗震能力低下是导致死亡率高的更直接的原因。

■ 地震活动与地震构造

1. 区域地震活动与地震构造

西亚地区的地震构造主要是阿拉伯板块与周边板块发生离散和汇聚作用的结果。由于阿拉伯板块的完整性，该地区的地震构造主要发育在其与周边板块的边界上（图 6.1，图 6.2）。

在西亚的西部和西北部地区，由于阿拉伯板块与努比亚板块和安纳托利亚板块之间的相互作用，塞浦路斯俯冲带、死海转换断层和东安纳托利亚断裂三者发生交汇。死海转换断层在历史上（包括《圣经》中的记载）发生过多次较强的破坏性地震，其地震活动直接威胁着沿线的沙特阿拉伯、以色列、约旦、黎巴嫩、叙利亚等多个国家的诸多大城市。由于阿拉伯板块向北的推挤作用，其与欧亚板块的边界发生着强烈的挤压运动，从土耳其到伊朗一线的构造带，是一条具有很强发震能力的活动地震构造带。1999 年 3 个月内发生过 2 次超过 7 级的地震，使得该条地震构造带受到全世界的广泛关注，该断裂同时还严重威胁着伊斯坦布尔这座巨型城市的 1500 万人口。在黑海与里海之间的主高加索逆冲断层，地震活动强烈，对其南侧的格鲁吉亚、阿塞拜疆和亚美尼亚等国可能会带来较高的地震危险。

在西亚的西部和南部，阿拉伯板块与努比亚板块沿红海和亚丁湾发生离散拉张运动，并在红海和亚丁湾海发育两条洋中脊。该洋中脊主要为正断层，由于发育在海洋中，对周边的西亚国家造成的地震危害相对较小。

1900 年以来，阿塞拜疆、亚美尼亚、也门各记录到 6.0 级以上地震 1 次；格鲁吉亚记录到 6.0 级以上地震 6 次，其中 7.0 ~ 7.9 级地震 2 次；土耳其记录到 6.0 级以上地震 39 次，其中 7.0 ~ 7.9 级地震 13 次；伊朗记录到 6.0 级以上地震 68 次，其中 7.0 ~ 7.9 级地震 13 次。

2. 地震监测能力

西亚地区地震监测能力整体上与中亚类似，只能保证 5 级地震不遗漏，现有台站分布地区能够保证台站附近 3 级地震、较远处 4 级地震不遗漏。整体上看，没有形成连片的较高地震监测能力地区，监测能力达到 4 级的区域基本孤立存在，这主要由西亚地区地震监测台站数量少、分布离散造成，且地震活动强烈地区没有进行系统化的台网建设（图 6.3）。

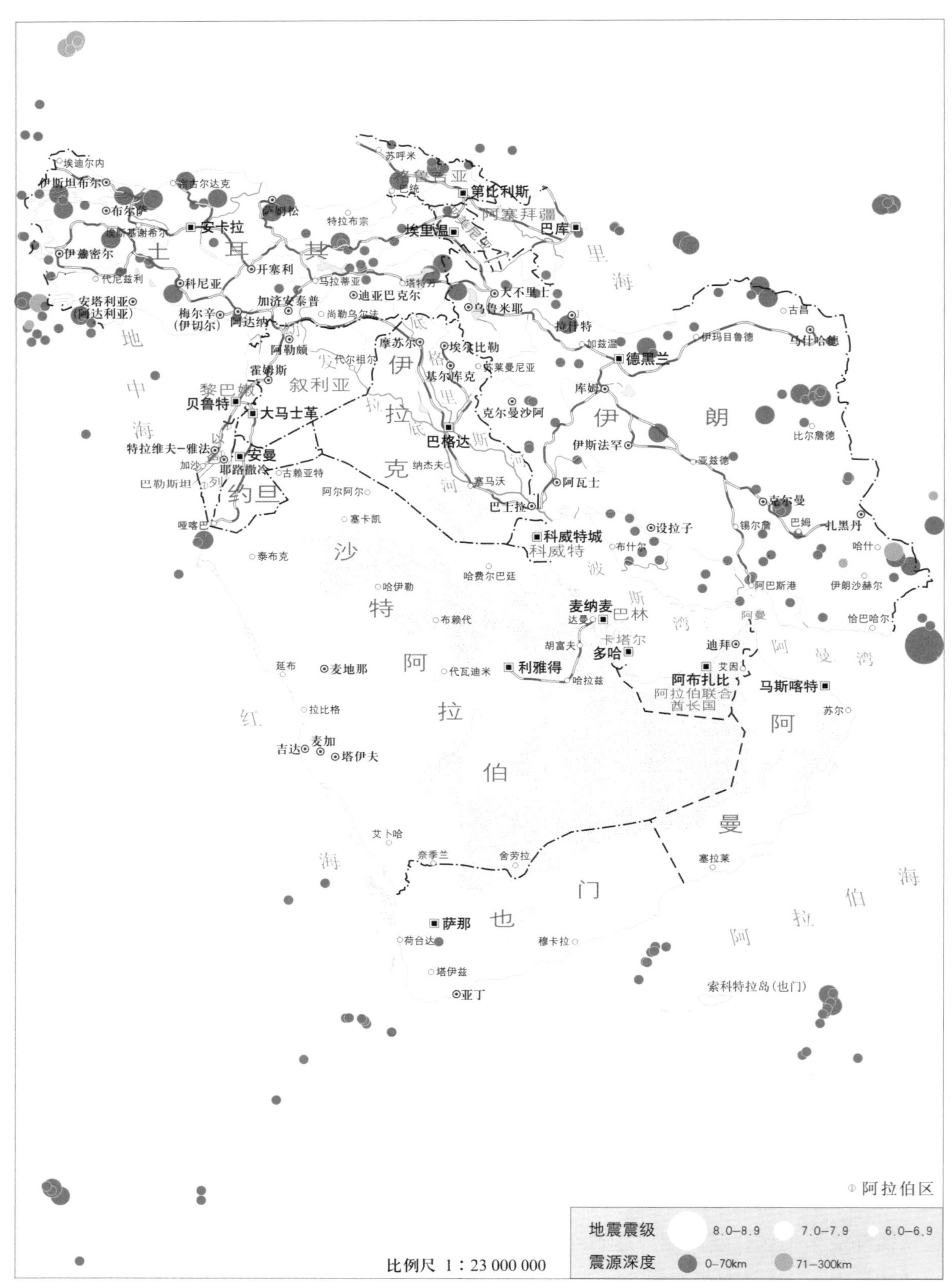

图 6.1 西亚 18 国及周边地区 6.0 级以上地震震中分布图

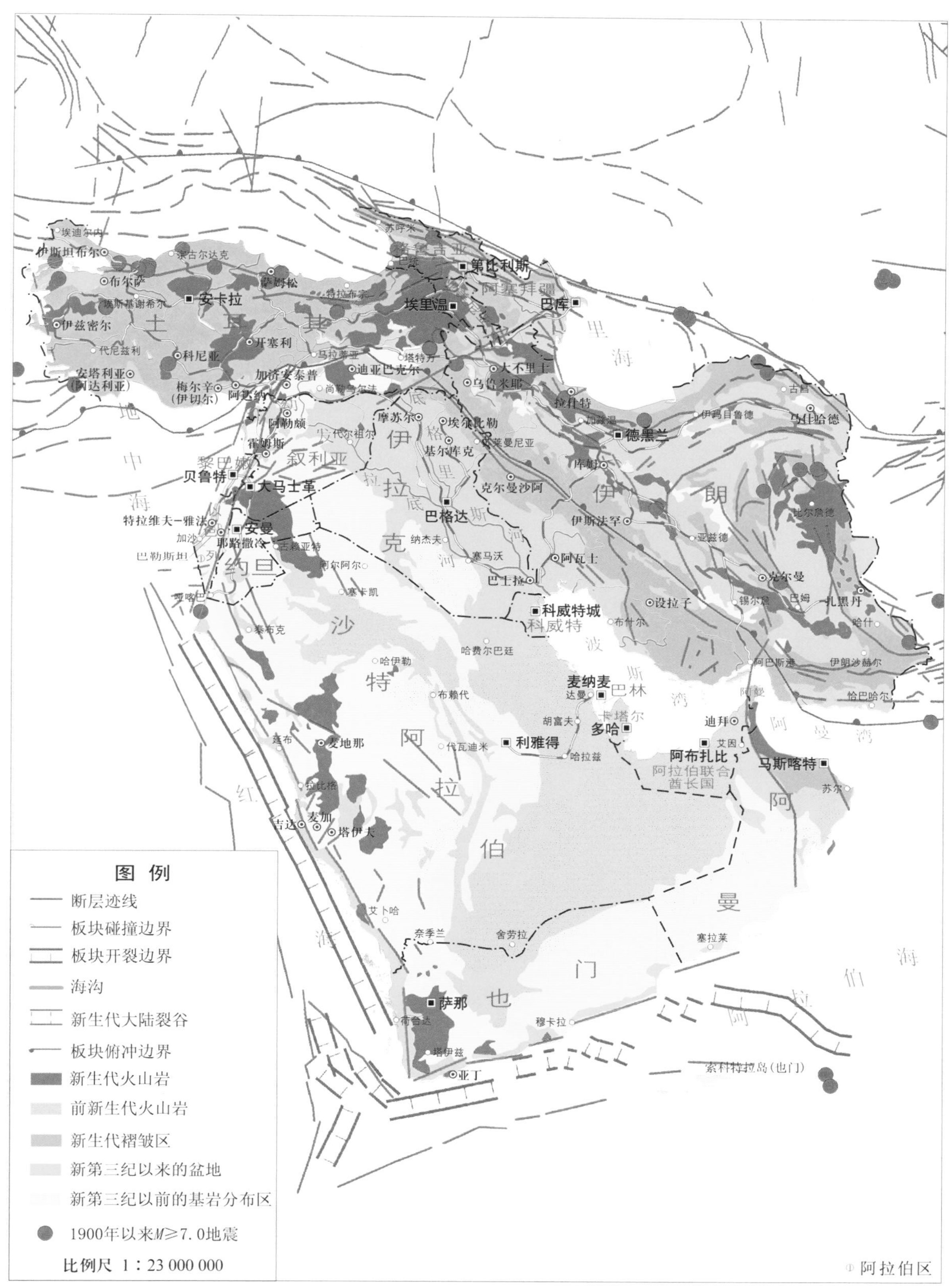

图 6.2　西亚 18 国及周边地区地震构造图

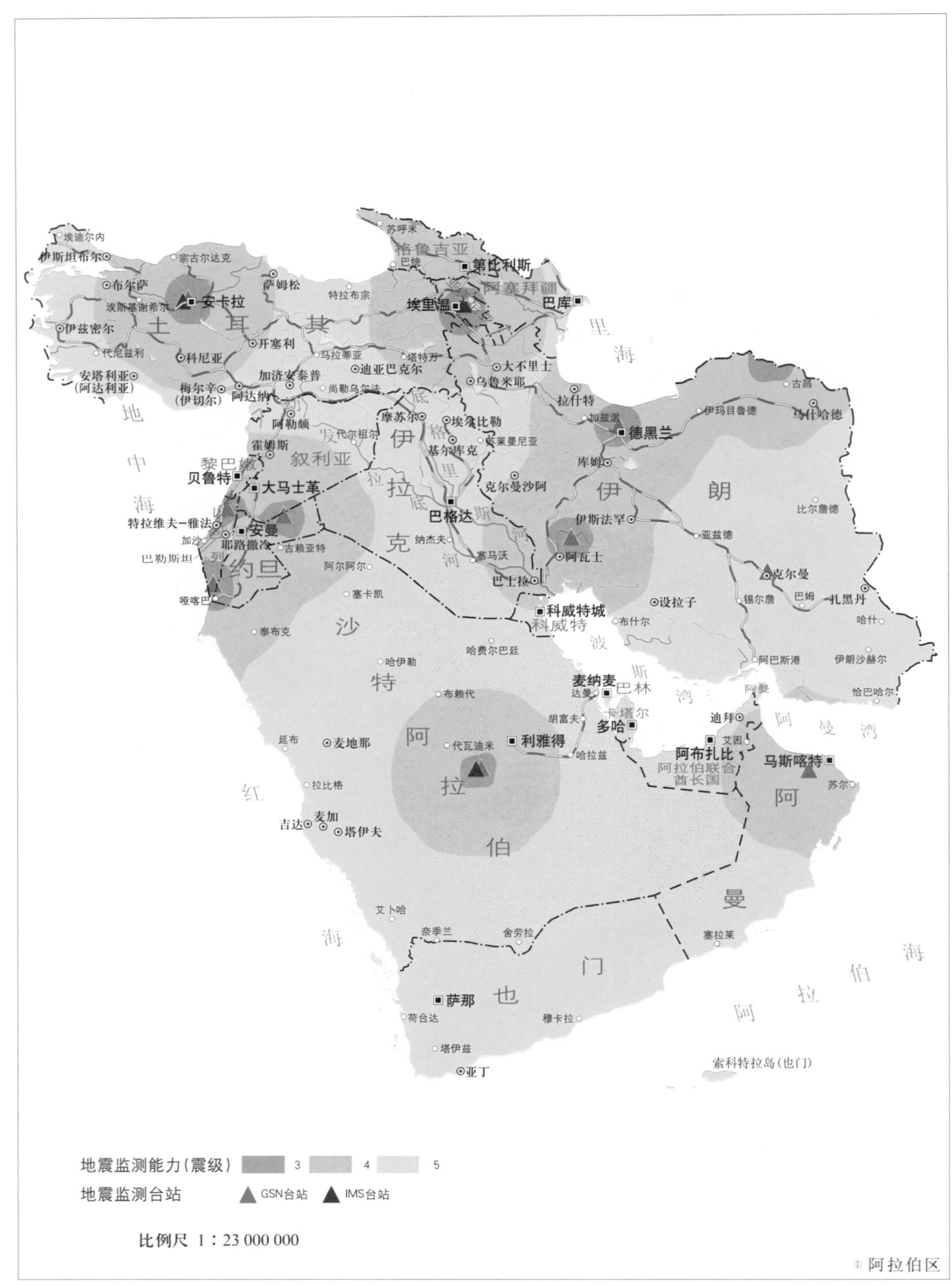

图 6.3 西亚 18 国理论地震监测能力分布图

地震危险性及地震灾害概述

1. 地震危险性

西亚 18 国的地震危险性总体上北部高于南部。北部处在欧亚地震带，地震危险性较高。南部处在阿拉伯板块内部，地震危险性较低。但值得注意的是，伊朗南部与北部里海沿岸地区的地震活动性、构造活动性类似，但图 6.4 中的地震危险性却存在一定差异，这是因为图 6.4 所依据的地震活动性模型对伊朗北部和南部的认识不同所导致。由于目前我们对西亚地区的基础资料和认识都有欠缺，这种不同是否真实反映了地震活动性的差异尚难以确定，因此在使用图 6.4 进行建设工程抗震设防要求确定时，应充分考虑资料不足与认识不确定性所带来的可能影响。类似的情况还存在于阿拉伯联合酋长国北部地区。

2. 地震灾害概述

西亚地区包括了海湾国家、以色列以及前独联体国家，如亚美尼亚、阿塞拜疆等。历史上曾发生大的破坏性地震，造成了巨大的人员伤亡和经济损失，但主要发生在 18 世纪以前(图 6.5)。

（1）沙特阿拉伯

沙特阿拉伯是领土面积最大的海湾国家，除恐怖袭击、事故灾难外，自然灾害也对沙特阿拉伯产生了较大影响，尤其是洪水灾害。沙特阿拉伯虽然总体富裕，但受宗教习惯、贫富差距、地区差异等影响，落后地区未受教育人口仍占很大比例，因此灾害脆弱度较高。

（2）以色列

以色列和巴勒斯坦交界，临近死海，是东非大裂谷的北端起点。历史上曾多次发生大的地震灾害，《圣经》中也有相应记载。公元前 33 年至公元 1759 年，地震死亡 2 万以上的灾害地震发生过 6 次，总计 19 万 ~ 21 万人。震中多在东部边境和死海地区，少数在拉姆拉、埃拉特、萨马里亚和纳布卢斯以及采法特等城市及其附近。但不同文献中对震中位置和伤亡情况的记载差异很大。

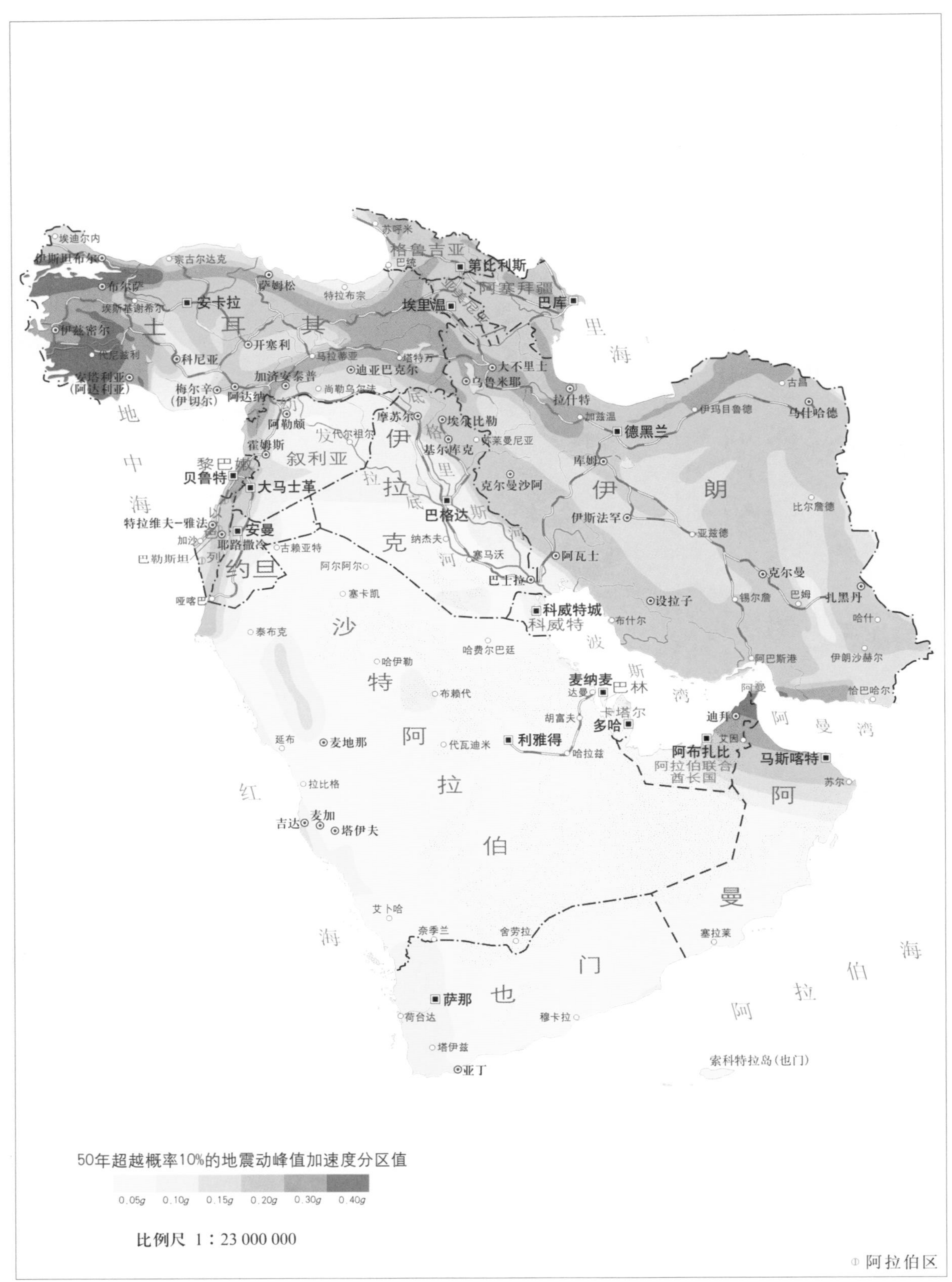

图 6.4 西亚 18 国 50 年超越概率 10% 的地震动峰值加速度分区图

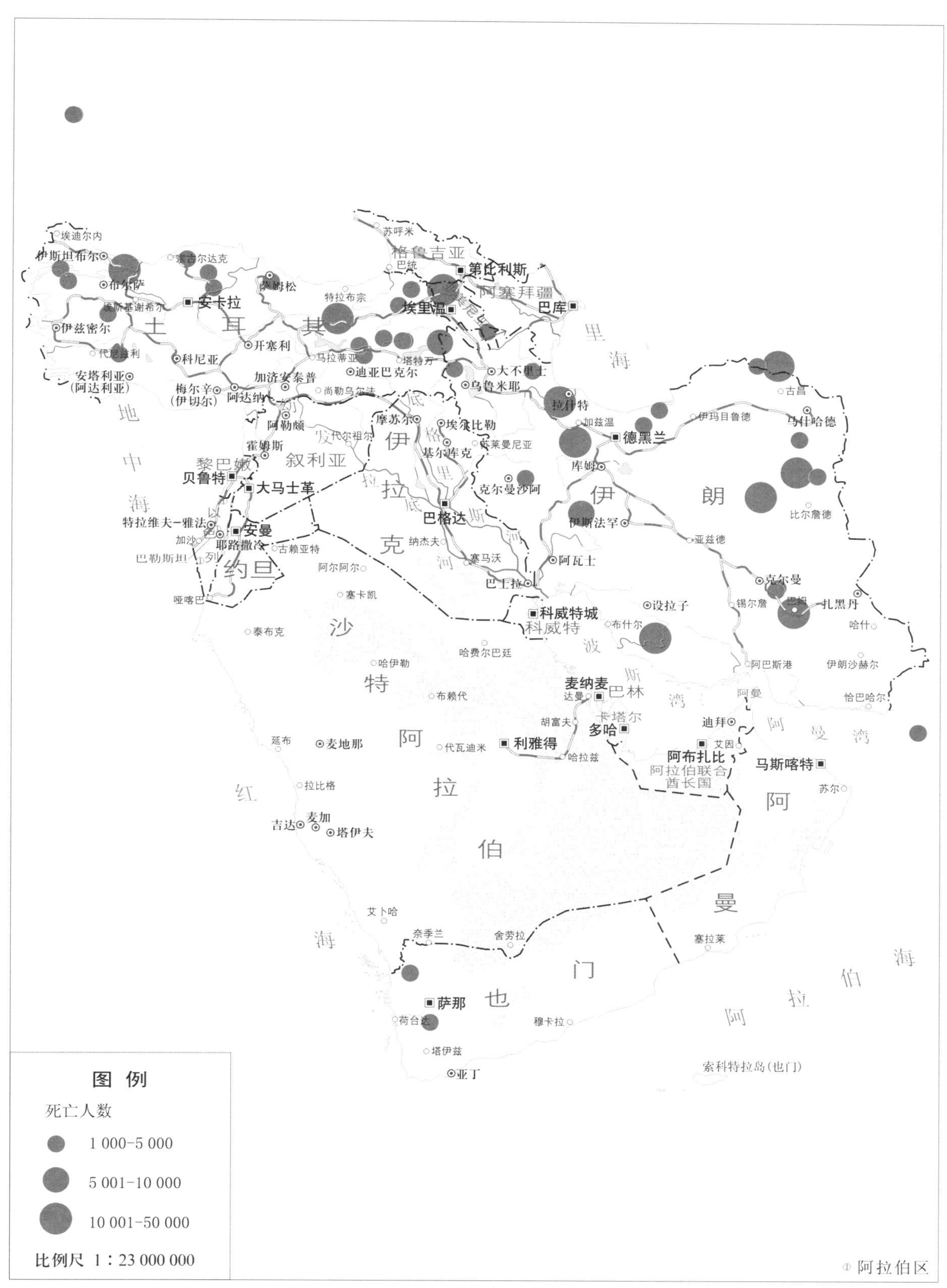

图 6.5 1900 年以来西亚 18 国及周边地区典型地震灾害分布图

（3）土耳其

土耳其横跨欧亚两洲，受地质和气候环境的影响，极易发生各种自然灾害。由于地处北安纳托利亚断层带，地震是土耳其最频繁的自然灾害之一，占自然灾害总数的2/3。21世纪以来，土耳其发生严重破坏性地震达40次，平均不到两年发生一次，其中6级以上破坏性地震发生26次。

3. 重大地震灾害

（1）1988年亚美尼亚地震

1988年12月7日，苏联亚美尼亚共和国发生6.9级地震，震中附近的亚美尼亚第二大城市列宁纳坎(现名居姆里)有80%的建筑物被毁，50多个村庄被摧毁殆尽，造成100亿卢布经济损失，超过切尔诺贝利核电站事故的损失。斯皮塔克镇被完全夷平，全镇2万居民大多数罹难。基洛瓦坎城建筑物几乎全部倒塌。地震造成的严重破坏遍及约1.03万km^2内的乡村地区，官方公布的死亡总人数为5.5万人（图6.6）。

图6.6　亚美尼亚地震灾害救援现场

（2）2003年伊朗巴姆地震

2003年12月26日，伊朗南部著名古城巴姆（28.99°N，53.31°E）发生7.1级地震，距离克尔曼省首都东南约180km，距德黑兰东南975km。根据联合国人道主义事务办公室震后统计报告，地震共造成4.5万人死亡，3万多人受伤。地震摧毁了巴姆城87%的建筑物（图6.7），使得715万人无家可归。

图 6.7　巴姆地震后遭到严重破坏的古城

（3）土耳其伊兹米特地震

1999 年 8 月 17 日，土耳其西部地区发生 7.4 级强烈地震。此次地震的震中位于第一大城市伊斯坦布尔以东 110km 处的伊兹米特市阿达帕区域，地震除造成大量人员伤亡和建筑物倒塌外，还使包括首都安卡拉和伊斯坦布尔在内的一些地区发生大范围停电，并引发许多地方的交通混乱。震后共发生 33 次 4 级以上余震，最大 5.3 级（图 6.8）。

图 6.8　土耳其伊兹米特地震桥梁破坏

■ 抗震设防基本状况

1. 房屋建筑特点

石雕建筑结构在伊朗农村十分常见，且广泛应用于山区，1968—1972 年间就建造了超过 71000 栋石雕房屋，而在此期间，只建造了 54000 栋砖砌体房屋。石雕建筑有两层楼，结构的主要元素是石墙，承受两重力和水平负载。墙由石头或者石头夹杂泥砂浆和稻草构成，墙厚不少于 50cm，屋顶包括木托梁和一组二级托梁，上面涂上一层厚泥。这种建筑结构的弱点是屋顶过于沉重，墙的面外稳定力不足，砂浆抗剪力不足，以及在地板和屋顶中缺乏隔膜（图 6.9）。

大约 80% 的土耳其城市家庭生活在多层公寓中，其建筑结构为现浇混凝土构造，钢筋混凝土和砌体加密，地板和屋顶为填料板结构，由钢筋混凝土梁支撑。这种结构因为设计不足以及施工不当，导致框架的侧向应力不足，在近来的地震并没有起到很好的抗震作用。尽管抗震设计已有 30 余年，但许多建筑并没有达到设计要求。图 6.10 为钢筋混凝土结构。

图 6.9 伊朗典型的石雕建筑结构

图 6.10 钢筋混凝土结构

2. 房屋建筑抗震设防概况

（1）以色列

规范名称：Design Provisions for Earthquake Resistance of Structure (Translation)；

版本 / 年代：1995；

设防烈度 / 设防水准：以色列不同地区分别规定了不同的预期地面加速度（Expected ground accleration）；

设计采用水准：按 50 年超越概率为 10% 的地震进行设计；

场地类别：按土层剪切波速和厚度分为四个区段和 A ～ H 共 8 小类；

建筑重要性分类：根据建筑的功能分为 A、B、C3 类；

典型设计反应谱：对一般中等高度混凝土框架结构，重要性系数取 1.0，力折减系数为 5.5，场地类型取 A 类，预期地面加速度取 0.2g，典型设计反应谱如图 6.11 所示。

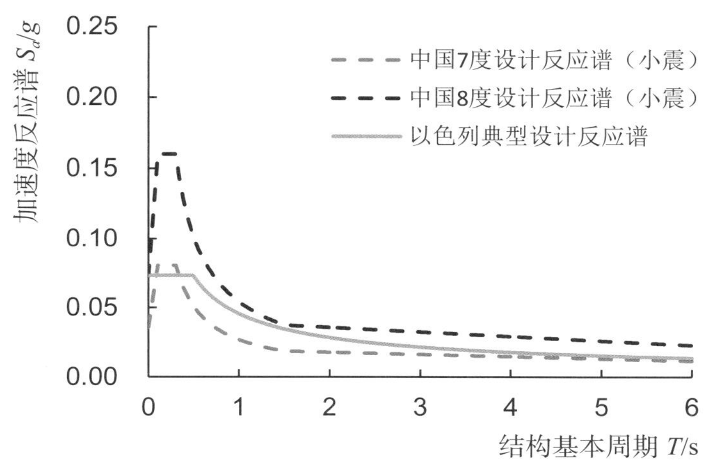

图 6.11　以色列典型设计反应谱

（2）伊朗

规范名称：Iranian Code of Practice for Seismic Resistant Design of Buildings；

版本 / 年代：第三版；

设防烈度 / 设防水准：伊朗共分为 1 ～ 4 共 4 类抗震设防区域；

设计采用水准：按中震（50 年超越概率为 10% 的地震）进行抗震设计；

场地类别：按土层剪切波速和厚度分为Ⅰ、Ⅱ、Ⅲ和Ⅳ共 4 类场地；

建筑重要性分类：根据建筑重要性分为 4 组；

典型设计反应谱：对一般混凝土框架结构，重要性系数取 1.0，建筑性能系数为 4，场地类型取 Ⅰ 类，各抗震设防区域的典型设计反应谱如图 6.12 所示。

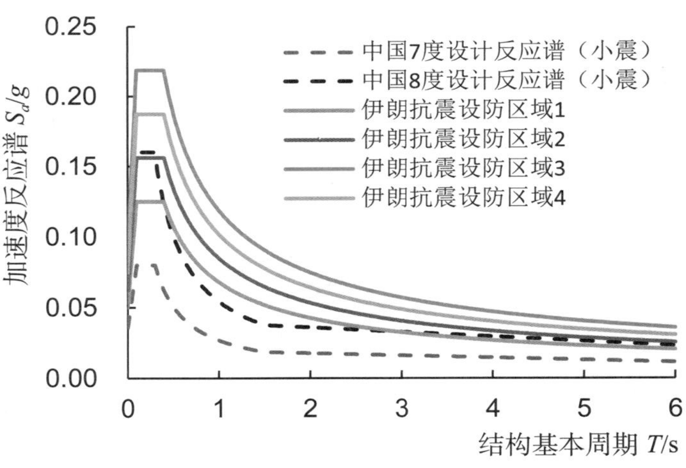

图 6.12 伊朗典型设计反应谱

（3）土耳其

规范名称：Regulations for Buildings in Disaster Regions (Specification for Buildings to be Built in Seismic Zones)；

版本 / 年代：2007；

设防烈度 / 设防水准：划分为 4 个设防烈度区（zone 1 ～ 4）；

场地类别：根据标贯值、密度、强度和剪切波速分为 4 类场地（Z1 ～ Z4）；

设计采用水准：按中震设计；

典型反应谱：针对钢筋混凝土框架结构，按 Z1 类场地，各烈度区典型反应谱如图 6.13 所示。

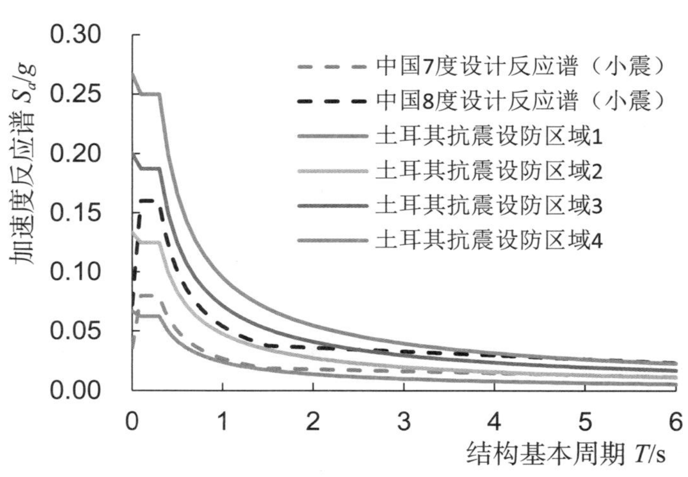

图 6.13 土耳其典型反应谱

未来地震灾害风险

西亚地区地震风险最高的国家为伊朗和土耳其，是未来地震灾害高（A 级）风险国家（表 6.1）。其中，伊朗历史记载死亡千人以上地震事件高达 54 次，单次地震最高死亡人数达 20 万人，地震风险主要集中在伊朗西南部和东部；土耳其历史记载死亡千人以上地震事件高达 47 次，单次地震最高死亡人数达 26 万人，地震风险主要集中在土耳其北部北安纳托利亚断裂带及东部东安纳托利亚断裂带。

伊拉克、阿塞拜疆、以色列、阿联酋、叙利亚、格鲁吉亚、亚美尼亚、黎巴嫩和巴勒斯坦是未来地震灾害中等(C 级)风险国家。这些国家历史记载死亡千人以上地震事件达 28 次，历史记载地震死亡总人数高达 226 万人。曾发生世界上有史以来死亡人数最多的历史地震（1202 年叙利亚大马士革 7.6 级地震，死亡 110 万人）；亚美尼亚历史上曾经发生过 7 次千人以上死亡地震事件，死亡人数最多的为 893 年亚美尼亚耶烈万 (叶里温)7.7 级地震，死亡 18 万人。不过，这些灾害性地震事件均发生在 19 世纪及以前，随着现代房屋建筑抗震能力的增强，其地震灾害风险程度有一定降低。

“一带一路”西亚地区其他国家为未来地震灾害低（D 级）风险国家。

表 6.1　西亚 18 国地震灾情与未来风险估计表（475 年重现期）

国家或地区	土地面积 / 10^4km	人口 / 万人	人口密度 /（人 / km^2）	GDP/ 亿美元	人均 GDP/ 美元	历史记载千人以上死亡事件			未来地震风险等级
						事件数	单次事件最大死亡人数 / 万人	总死亡人数 / 万人	
巴勒斯坦	0.62	455							C
阿曼	30.95	409	13	693	16000				D
也门	55.50	2360	43	392	1660	2	0.28	0.40	D
约旦	8.90	950	107	370	3900	1	2.50	2.50	D
阿联酋	8.36	930	111	4300	43000				C
黎巴嫩	1.05	462	442	544	11800	1	3.00	3.00	C
巴林	0.08	131	1713	311	23000				D
叙利亚	18.52	1980	107	330	1670	11	110.00	143.72	C
以色列	2.50	846	338	3061	37300	4	7.00	10.37	C
亚美尼亚	2.97	300	101	109	3780	7	18.00	24.15	C
伊朗	164.5	8000	49	4153	5290	54	20.00	128.90	A
卡塔尔	1.15	234	203	1646	70000				D
沙特阿拉伯	225.0	3152	14	6812	21600				D
阿塞拜疆	8.66	959	111	650	5600	3	2.30	31.70	C
格鲁吉亚	6.97	371	53	140	3760				C
伊拉克	43.83	3600	82	1686	4460	3	7.00	13.60	C
科威特	1.78	397	223	1217	43000				D
土耳其	78.36	7874	100	7200	9260	47	26.00	108.10	A

■ 地震灾害应急管理

1. 地震灾害应急管理概述

西亚地区包括了海湾国家、以色列以及独联体国家。其中，独联体国家继承了苏联的应急管理体制，一般建立有紧急情况部，负责统一协调突发事件的应对处置。以色列建立了发展自国防体系、较为完备的突发事件应对处置体系机制，能够有效应对自然灾害和其他事故灾难。海湾石油国家经济基础雄厚，经济社会发达，且因自然灾害总体较弱，除长期处于战争状态的伊拉克、巴勒斯坦外，其他国家的应急体系一般能应对自然灾害的威胁。以沙特阿拉伯为代表的海湾富裕国家在近些年注重预案和相关灾害应对措施、设施以及搜救队伍的建设，灾害应对能力有了进一步的发展。

2. 典型国家地震灾害应急管理能力

（1）沙特阿拉伯

1965 年，沙特阿拉伯成立民防总指挥部（GDCD），负责应急管理及相关事务。1987 年，通过《民防法案》，进一步明确了民防总指挥部的职能职责。目前，GDCD 是沙特阿拉伯国家灾害与应急管理机构，主要负责灾害和受到侵略时的警报信息发布、电力供应和民众疏散安置，扑灭火灾和营救幸存人员、同其他部门合作确保交通通畅及废墟清理等。

随着国力的发展和社会的进步，沙特阿拉伯的突发事件应对和灾害处置能力也在不断提升，但受宗教习惯和社会发展不均衡等因素的影响，未来仍有很大发展空间。在地震专业救援方面，沙特阿拉伯建有符合国家标准的地震专业队伍（SASART），并于 2015 年通过了联合国重型救援队测评。

（2）以色列

以色列的突发事件处置由国家紧急事务管理局（NEMA）统一协调。NEMA 受以色列国防部领导，负责灾害等突发事件的信息收集、影响评估、决策支撑和相关力量的协调。NEMA 下设国家紧急事务管理中心，统一协调、调度各方力量。以色列的救援力量主体是后方军，是从以色列国防军中分离出来、主要应对非战争事务的。后方军人员训练有素、职业素养高，一般都有现役经验，能够应对地震等自然灾害和其他突发事件的威胁。以色列也建有专门的地震国际救援队伍，多次参与国际地震救援任务，预计 2017 年度通过联合国重型救援队测评。

■ 地球物理场及地壳运动特征

1. 布格重力异常

西亚地区的布格重力异常范围在 −200 ～ +100mGal 之间,大部分地区为 +100mGal 上下，除伊朗西部及亚美尼亚等山区存在低至 −200mGal 的布格重力负异常外，陆地其他地区布格异常幅值在 0 ～ +100mGal 之间分布，布格重力异常分布特征单一。

西亚地区位于阿拉伯板块，布格重力异常的分布特征反映了阿拉伯板块的完整性，板块边缘部分、伊朗西部及亚美尼亚等地区的布格重力负异常，对应西部和西北部的塞浦路斯俯冲带、死海转换断层和东安纳托利亚断裂，北部和东北部的比特力斯缝合带和两伊边界的扎格罗斯逆冲带，以及黑海与里海之间的主高加索逆冲断层，破坏性地震活动主要分布在以上区域（图 6.14）。

2. 地磁异常

西亚地区地磁异常数据缺失较多，也门、约旦、阿联酋、卡塔尔、巴林、科威特、叙利亚、黎巴嫩等国全境，以及沙特阿拉伯东部大部分地区、阿曼东北部和伊拉克北部小部分地区均缺失地磁异常数据。从分布上看，伊拉克南部存在大区域地磁正异常，幅值约为 +50nT；伊拉克东部地区以及伊朗西部地区，存在大区域地磁负异常，幅值约为 −100 ～ −50nT 之间。

从土耳其到伊朗一线的地磁正异常条带，对应西部和西北部的塞浦路斯俯冲带、死海转换断层和东安纳托利亚断裂，北部和东北部的比特力斯缝合带和两伊边界的扎格罗斯逆冲带，是一条具有很强发震能力的活动地震构造，该地区受阿拉伯板块向北的推挤作用，与欧亚板块的边界发生强烈的挤压运动，具有较强的地震危险性（图 6.15）。

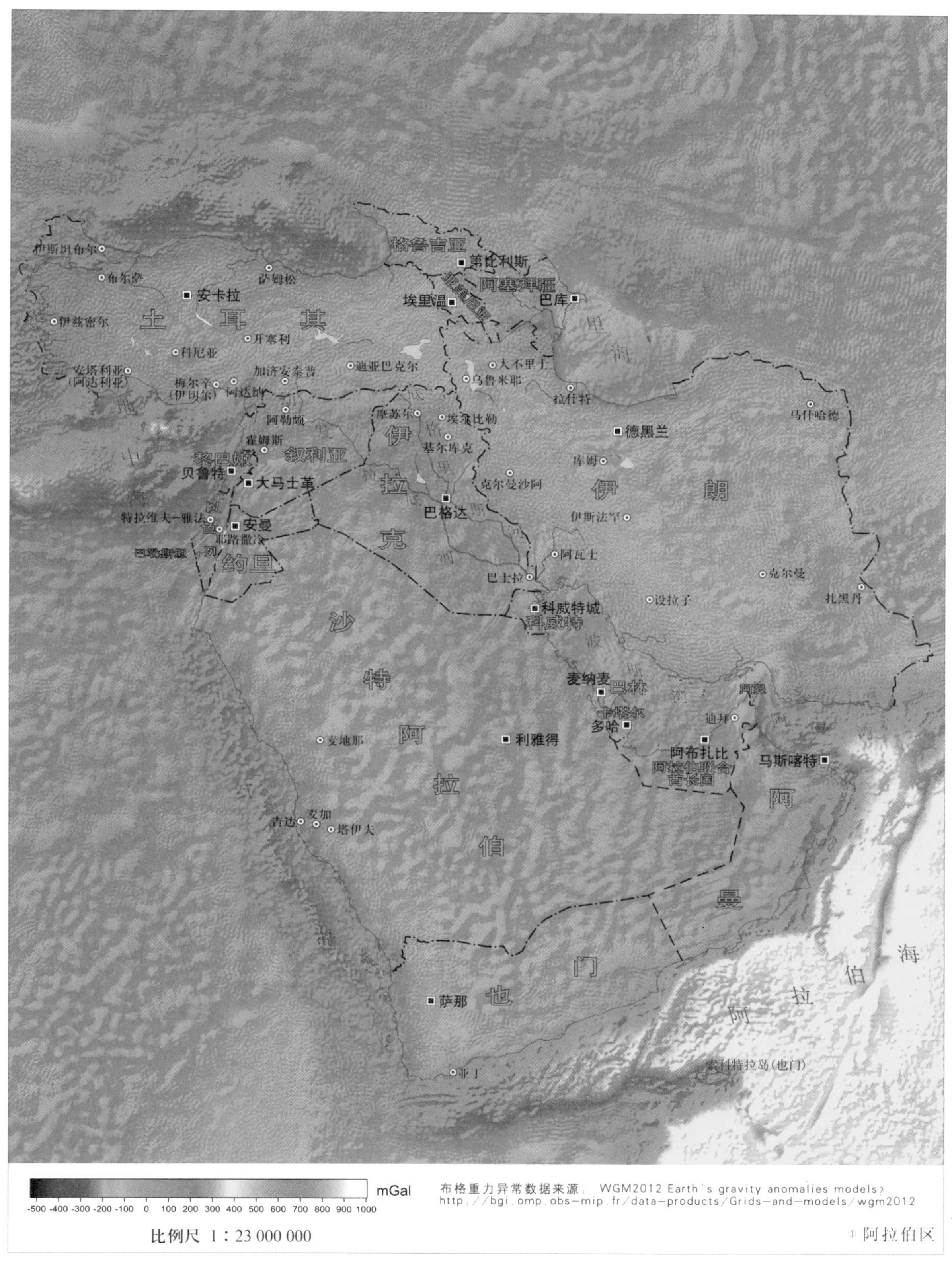

图 6.14　西亚 18 国及周边地区布格重力异常分布图

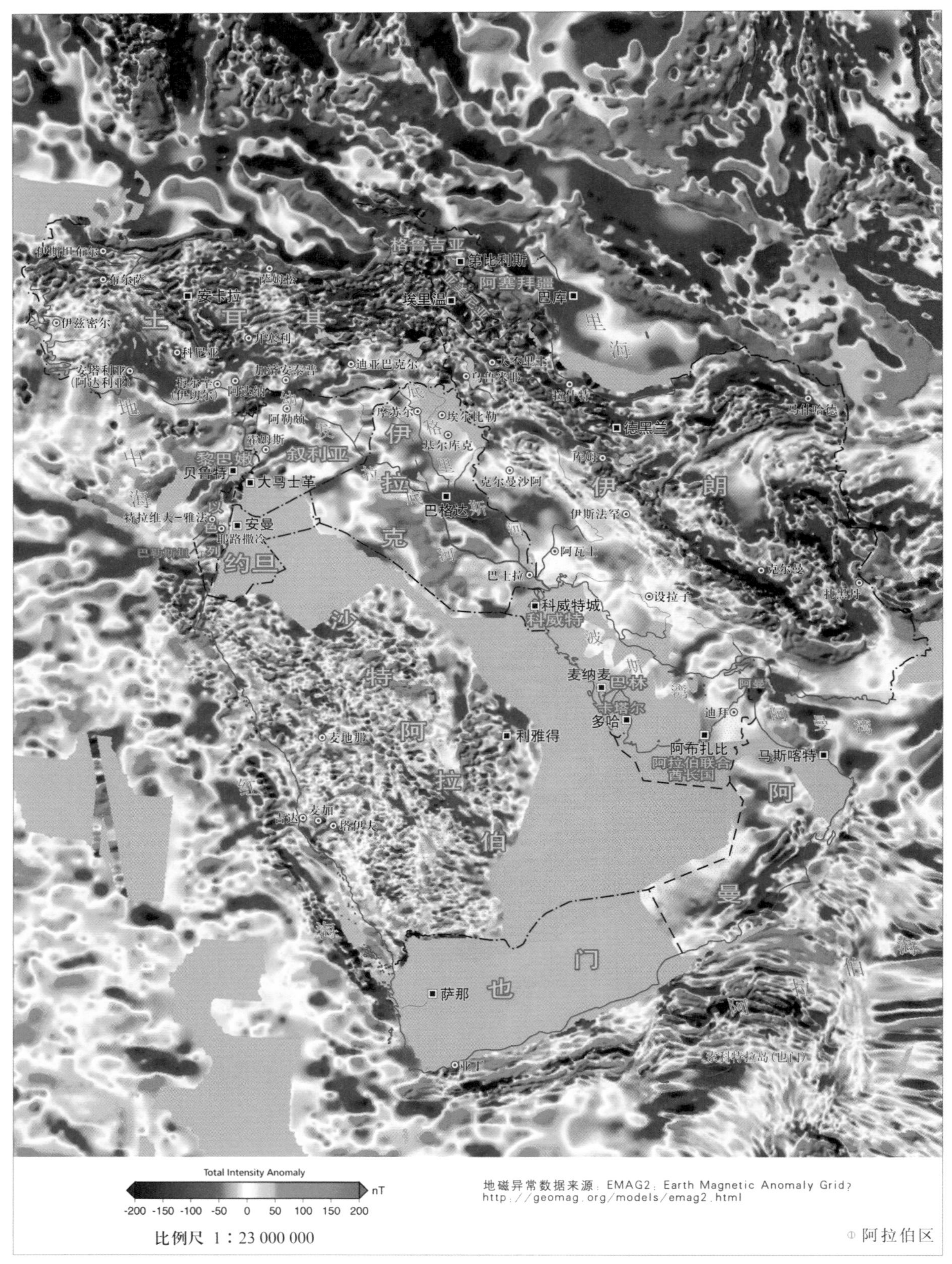
格鲁吉亚
第比利斯
阿塞拜疆
巴库
埃里温
安卡拉
土
耳
其
伊兹密尔
里
海
德黑兰
伊
朗
叙利亚
黎巴嫩
贝鲁特
大马士革
伊
拉
克
巴格达
安曼
约旦
科威特城
科威特
巴林
卡塔尔
多哈
麦纳麦
迪拜
阿布扎比
阿拉伯联合酋长国
马斯喀特
利雅得
沙
特
阿
拉
伯
也
门
萨那
阿
曼
Total Intensity Anomaly
nT
-200 -150 -100 -50 0 50 100 150 200
地磁异常数据来源：EMAG2：Earth Magnetic Anomaly Grid，http://geomag.org/models/emag2.html
比例尺 1：23 000 000
① 阿拉伯区

图 6.15　西亚 18 国及周边地区地磁异常分布图

3. 地壳运动特征

西亚地区 GPS 水平速度场资料包括小亚细亚半岛、伊朗、南高加索地区以及阿拉伯半岛的观测站数据，数据采用欧亚固定参考系（Eurasia）。本地区地震活动频繁，GPS 速度变化大。小亚细亚半岛 GPS 速度变化大，地震多发；阿拉伯半岛北向运动，内部地震稀少；伊朗及南高加索地区北向运动，地震活动频繁。

土耳其北部黑海沿岸地区 GPS 速度小于 3mm/a，东部地区以北向及北西向运动为主，速度约 20mm/a；东北部速度较小（<5mm/a）；西部地区向西及西南方向运动，速度超过 20mm/a；土耳其境内地震多发且分布广。

伊朗境内扎格罗斯山脉北向运动速度较大（>20mm/a），西北部地区速度减至 20mm/a 以下，东北部约 1 ～ 5mm/a；境内地震主要分布在扎格罗斯山脉、北部的厄尔布鲁士山脉以及伊朗高原东部地区。

南高加索山脉格鲁吉亚、亚美尼亚、阿塞拜疆境内 GPS 速度以北向运动为主（约 1 ～ 5mm/a），从南向北速度逐渐减小；地震多分布在格鲁吉亚境内大高加索山脉附近以及黑海沿岸。

阿拉伯半岛地区，包括叙利亚、约旦、伊拉克、科威特、沙特阿拉伯、巴林、卡塔尔、阿拉伯联合酋长国、阿曼、也门等国家，以向北的持续运动为主；南部速度场以北东向为主，北部以北或北西向为主；阿拉伯板块内部地震活动稀少，板块边界亚喀巴湾以及也门西部有地震分布。

巴勒斯坦地区（以色列与巴勒斯坦）、黎巴嫩、叙利亚西部部分海岸位于非洲板块，相对欧亚板块向北西方向运动，速度约 5 ～ 10mm/a；在红海所在区域的板块边界附近有少量地震分布（图 6.16）。

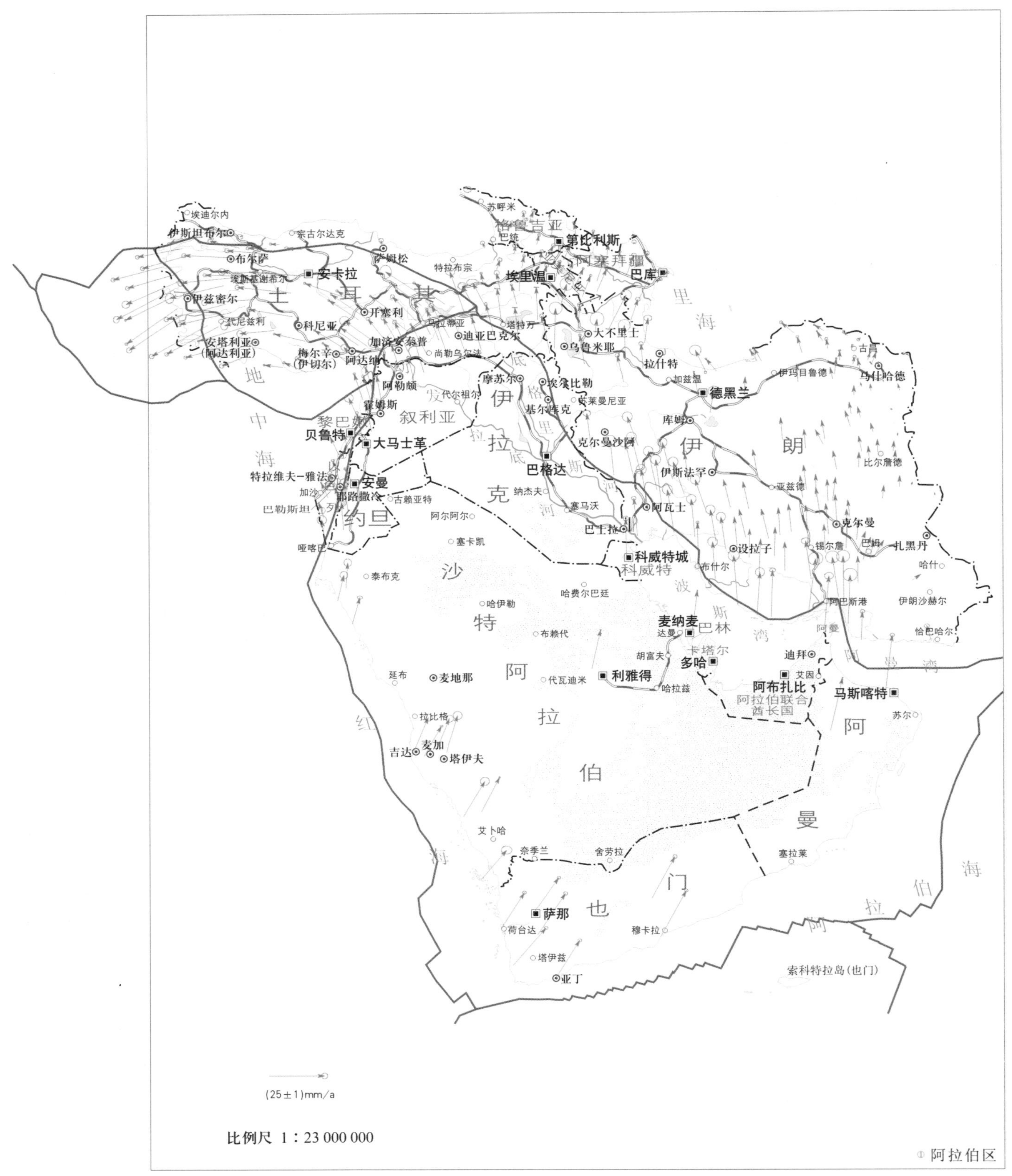

图 6.16 西亚 18 国及周边地区 GPS 水平运动速度场

图中红色箭头表示 GPS 观测水平运动速度，箭头处圆圈表示观测误差，褐色实线表示全球构造板块边界

“一带一路”沿线国家中位于欧洲的包括：东欧的立陶宛共和国、拉脱维亚共和国、爱沙尼亚共和国、乌克兰、摩尔多瓦共和国、白俄罗斯共和国；中欧的匈牙利国、波兰共和国、捷克共和国、斯洛伐克共和国；南欧的黑山共和国、克罗地亚共和国、阿尔巴尼亚共和国、斯洛文尼亚共和国、波斯尼亚和黑塞哥维那、罗马尼亚、马其顿共和国、保加利亚共和国、塞尔维亚共和国，共 19 个国家。

第七章 欧洲地区地震安全概况

该地区以阿尔卑斯山脉—喀尔巴阡山脉—高加索山脉为界，南强北弱，南侧的巴尔干地区发育了大量活动构造带，地震活动强烈，主要集中在爱琴海沿岸和靠近希腊的边界地区。地震危险性分布也与上述地区相关，危险性最强的地区位于阿尔巴尼亚及附近的马其顿和黑山，但总体来说东欧地区地震灾害相对较轻，1900 年以来单次死亡人数超过 1000 人的仅 2 次，分别是 1963 年的马其顿斯科普里 6.0 级地震和 1977 年的罗马尼亚弗拉恰 7.5 级地震。

地震活动与地震构造

1. 区域地震活动与地震构造

“一带一路”沿线东欧地区的地震构造与地震活动，存在明显的南北差异。阿尔卑斯山脉和强烈弓形弯曲的喀尔巴阡山脉共同组成的阿尔卑斯山系两侧都发生过较大的地震并造成了较为巨大的生命损失。在喀尔巴阡山脉南侧的潘诺尼亚平原（Pannonian Plain）南侧发生过一些深源地震，但是目前还很难区分其内部哪些构造是活动的发震构造，哪些构造已经不再活动（图 7.1，图 7.2）。

在东南欧地区的希腊俯冲带和塞浦路斯俯冲带附近的地震活动主要为走滑型和正断型地震，虽然与该俯冲带相关的地震最远可到保加利亚，但大多数地震都发生在希腊、塞浦路斯等国，“一带一路”上的欧洲国家受俯冲带的地震活动影响都相对较小。

在亚得里亚蒂克海，亚得里亚板块向北东方向与迪纳莱德板块发生汇聚碰撞，两个次级板块之间的边界构造带一直往南或南东方向延伸，与希腊西部的逆冲断层和褶皱带相连。该构造带上也曾发生过数次大地震。

1900 年以来，马其顿记录到 6.0 级以上地震 1 次；黑山记录到 6.0 级以上地震 1 次；波斯尼亚和黑塞哥维那记录到 6.0 级以上地震 2 次；罗马尼亚记录到 6.0 级以上地震 6 次，其中 7.0 ～ 7.9 级地震 3 次；保加利亚记录到 6.0 级以上地震 4 次，其中 7.0 ～ 7.9 级地震 1 次；其他国家没记录到 6.0 级以上地震。

2. 地震监测能力

欧洲“一带一路”国家地震监测能力与西亚地区基本相当，能够保证 5 级左右地震不遗漏，在现有台站分布的地区能够保证台站附近 3 级地震不遗漏、较远处 4 级地震不遗漏。与西亚相比另外一个类似的地方是，上述地区地震监测台站数量少、分布离散，并且地震活动强烈的地区，例如爱琴海沿岸地区和与希腊接壤地区，没有进行系统化的台网建设（图 7.3）。

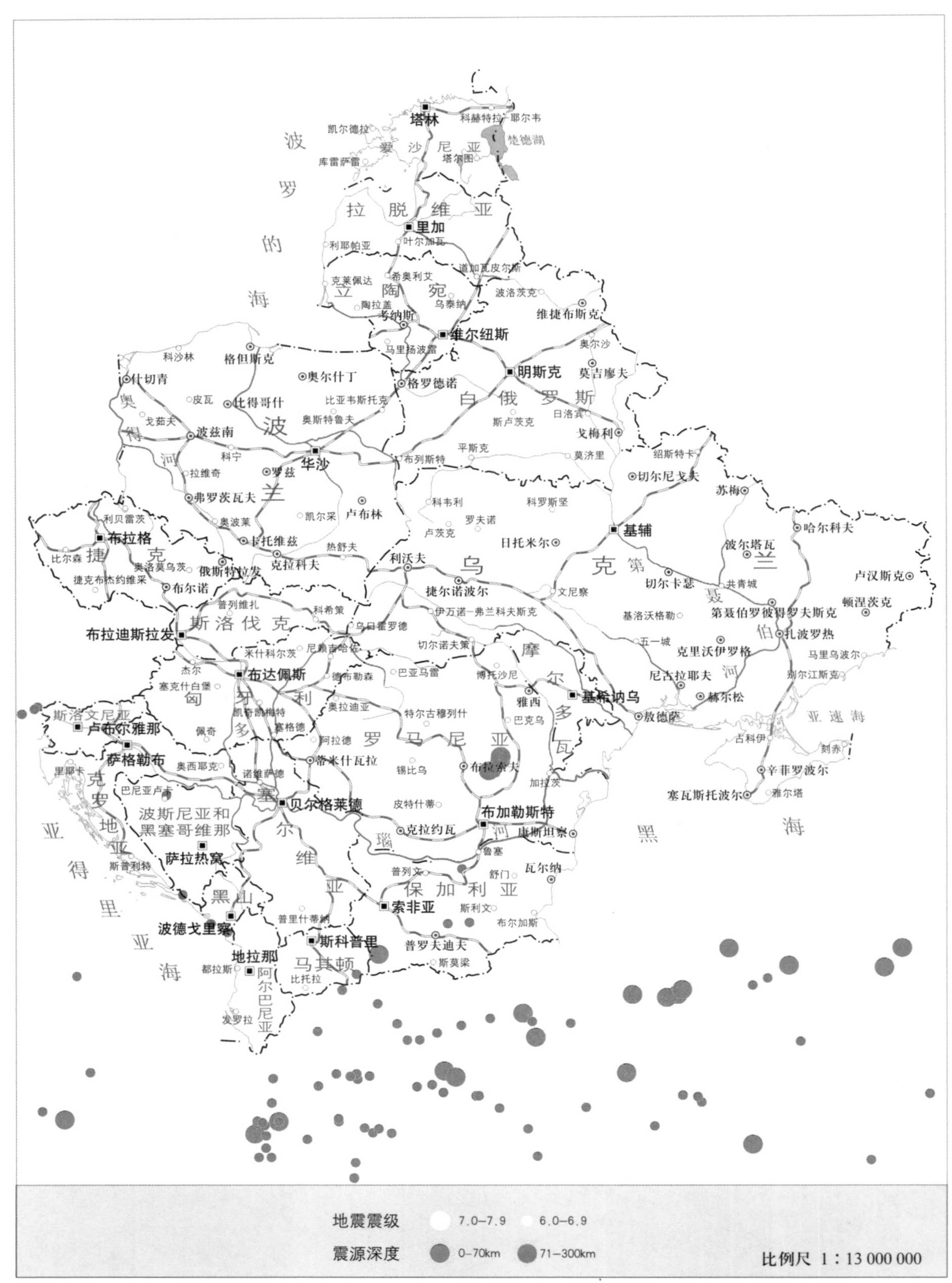

图 7.1　欧洲“一带一路”国家及周边地区 6.0 级以上地震震中分布图

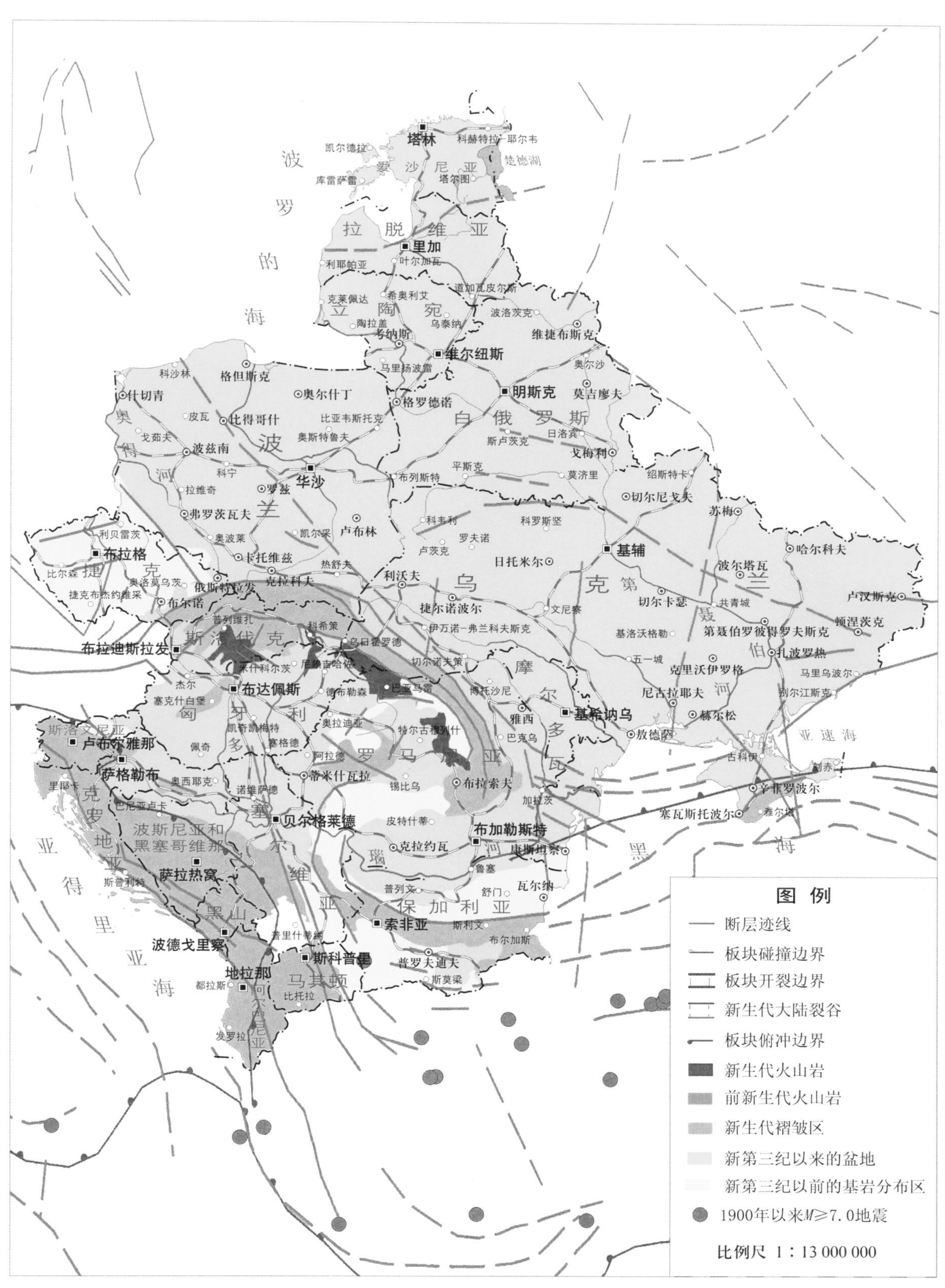

图 7.2 欧洲“一带一路”国家及周边地区地震构造图

图 7.3　欧洲“一带一路”国家及周边地区理论地震监测能力分布图

地震危险性及地震灾害概述

1. 国家地震危险性

欧洲 19 国的地震危险性总体上南部高于北部。与地震活动和地震构造活动性分界相同，阿尔卑斯山脉—喀尔巴阡山脉—高加索山脉以南处在欧亚地震带，地震危险性以阿尔巴尼亚西侧沿海地区和马其顿西北部（斯科普里附近）最高，罗马尼亚弗朗恰地区、克罗地亚和斯洛文尼亚边界地区相对较高。阿尔卑斯山脉以北地区地震危险性相对较低（图 7.4）。

2. 地震灾害概述

欧洲位于亚洲的西面，是亚欧大陆的一部分。地形以平原为主，冰川地貌分布较广，高山峻岭汇集在南部，海拔 200m 以上的高原、丘陵和山地约占全洲面积的 40%，海拔 200m 以下的平原占 60%。其自然灾害主要以台风、寒潮、火山喷发为主（图 7.5）。

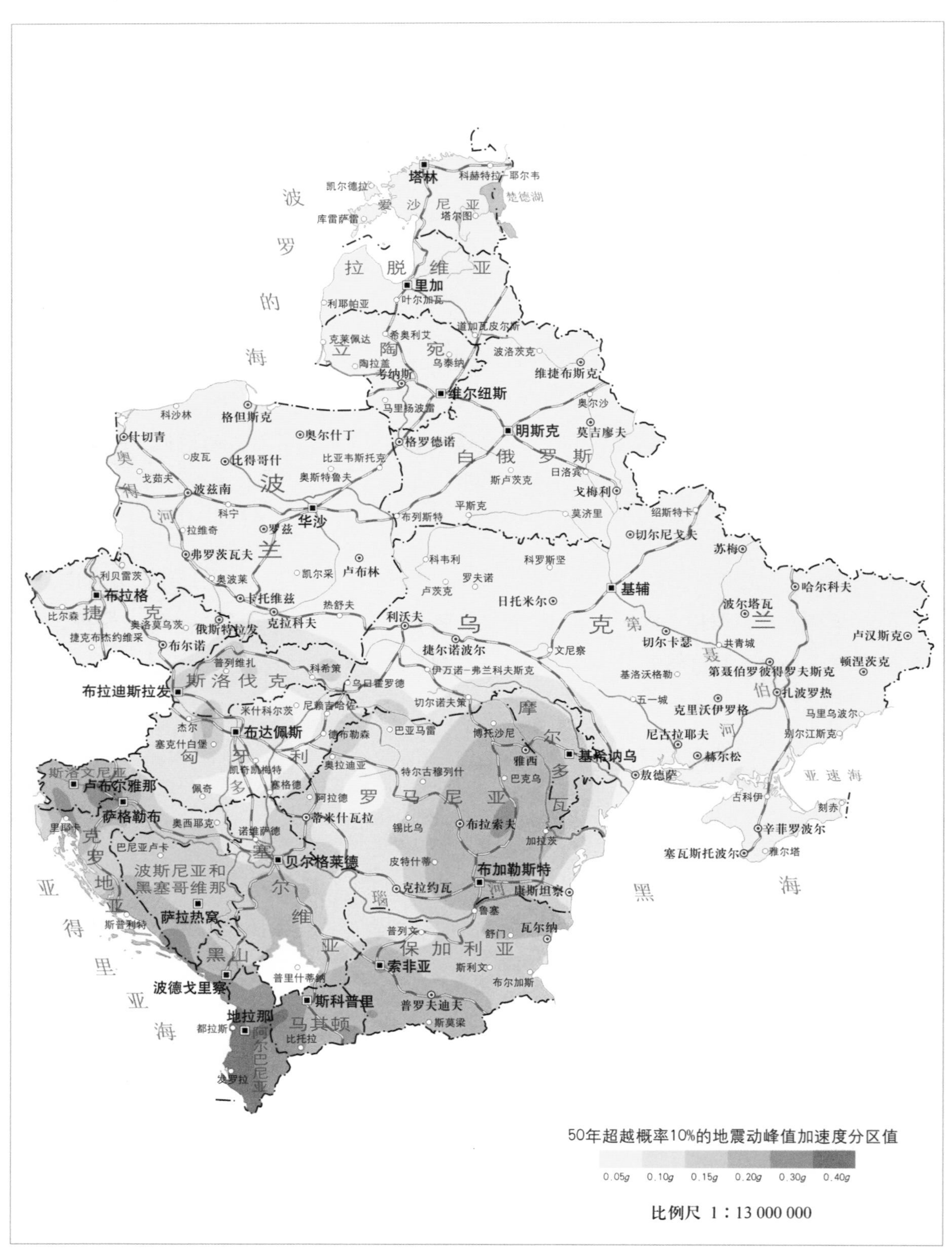

图 7.4　欧洲“一带一路”国家 50 年超越概率 10% 的地震动峰值加速度分区图

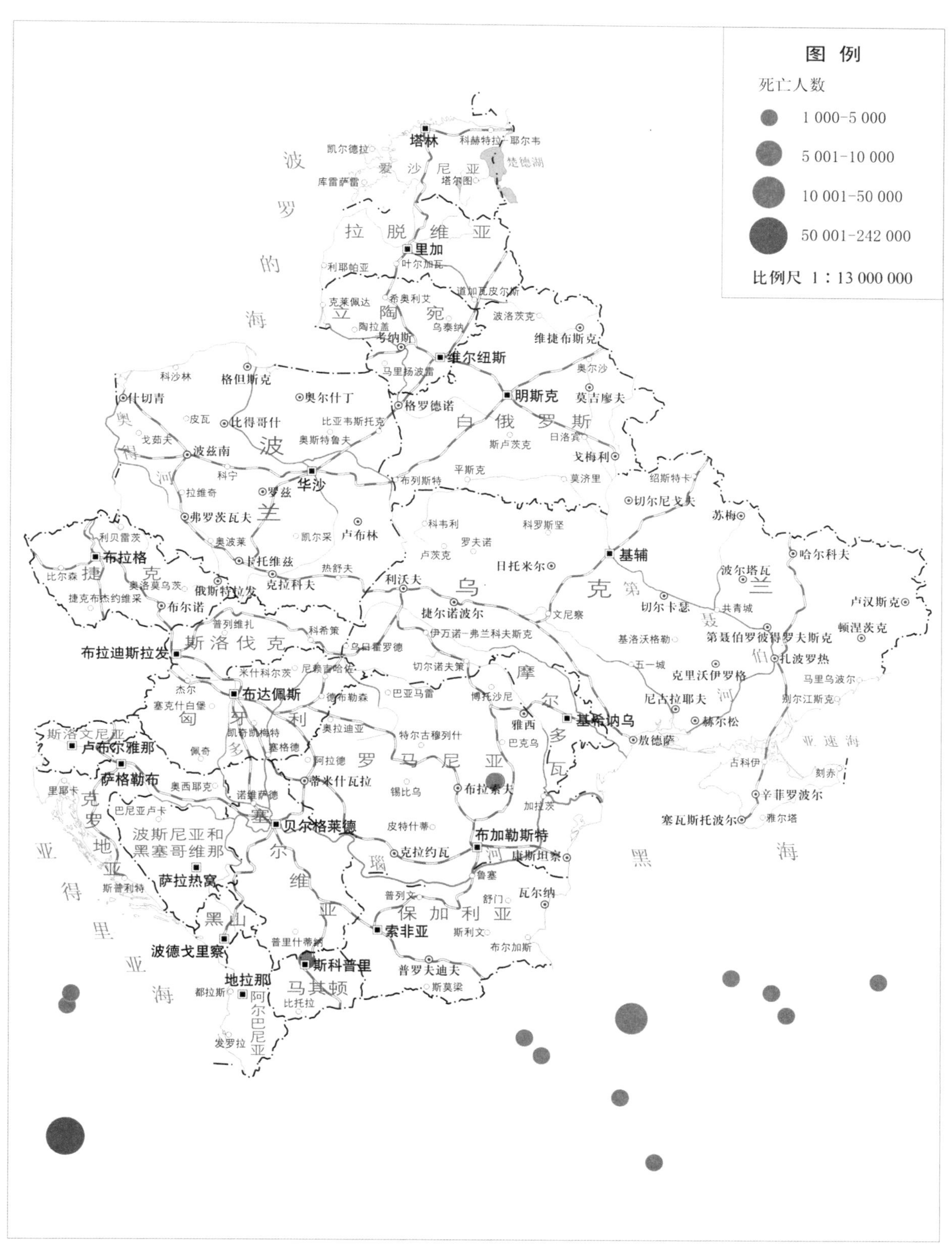

图 7.5　1900 年以来欧洲“一带一路”国家典型地震灾害分布图

■ 抗震设防基本状况

1. 房屋建筑特点

约束砌体结构在斯洛文尼亚是十分常见的独栋住宅建筑结构。该结构的特点是在每层横向钢筋混凝土梁所组成的框架下建层间墙，横向结构和垂直钢筋混凝土墙上的十字结构组成复合结构，地板由混凝土托梁和空心砌体瓷砖组成，或者是钢筋混凝土板。屋顶通常用木材（图 7.6）。

图 7.6　约束砌体结构

罗马尼亚是一个多震的国家，历史上曾发生过多次强震。43% 国土是Ⅶ度以上地震设防区，地震设防区的居住建筑占全部居住建筑的一半以上。1986 年 8 月 31 日罗马尼亚弗朗恰地区发生 6.5 级强烈地震，只有部分房屋发生裂缝、砖瓦掉落、玻璃破碎，没有见到房屋倒塌现象（图 7.7，图 7.8）。

图 7.7　地震中表现良好的带有构造措施的农居

图 7.8　正在进行抗震加固的多层钢筋混凝土房屋

2. 房屋建筑抗震设防概况

（1）阿尔巴尼亚

规范名称：Earthquake-Resistant Design Regulations；

版本 / 年代：1989；

设防烈度 / 设防水准：设防烈度Ⅵ～Ⅸ度，Ⅵ度区建筑只需构造措施，Ⅵ度半到Ⅸ度区建筑需要抗震计算，如表 7.1 所示；

表 7.1　地面加速度　　单位：g

土体类别	地震系数		
	Ⅶ	Ⅷ	Ⅸ
Ⅰ	0.08	0.16	0.27
Ⅱ	0.11	0.22	0.36
Ⅲ	0.14	0.26	0.42

建筑重要性系数：综合结构重要性和功能以及造成的损失，将建筑分为五类；

场地类别：三类场地（根据土的条件）；

典型设计反应谱：针对普通钢筋混凝土框架结构，各烈度区典型反应谱如图 7.9 所示。

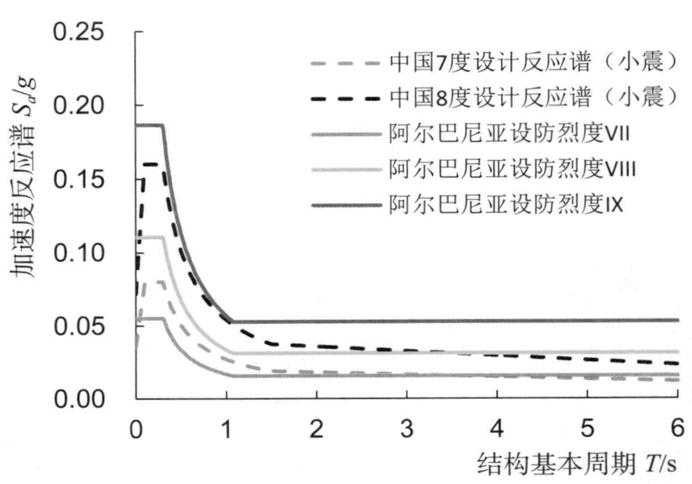

图 7.9　阿尔巴尼亚典型设计反应谱

（2）立陶宛 / 拉脱维亚 / 爱沙尼亚 / 斯洛文尼亚 / 匈牙利 / 波兰 / 捷克 / 斯洛伐克

规范名称：Eurocode 8；

版本 / 年代：BS EN 1998—1:2004；

设防烈度 / 设防水准：设计基本地震加速度分别为 0.10g，0.20g，0.30g，0.40g；

结构性能系数：根据结构的类型取不同的值；

场地类别：分为五类（根据剪切波速、标准贯入阻力）；

设计采用水准：基于中震进行抗震设计；

典型反应谱：针对普通钢筋混凝土框架结构，各烈度区典型反应谱如图 7.10 所示。

（3）黑山 / 波黑 / 斯洛文尼亚 / 克罗地亚 / 塞尔维亚 / 马其顿

规范名称：Code of Technical Regulations for the Design and Construction of Buildings in Seismic Regions（南斯拉夫抗震规范）；

版本 / 年代：1981；

设防烈度 / 设防水准：划分三个烈度区（Ⅶ，Ⅷ，Ⅸ）；

场地类别：按土体组成分为三类场地；

设计采用水准：对于抗震区域的Ⅱ，Ⅲ类建筑（住宅，工业建筑，公共建筑等）可视作按中震设计（500 年重现期）；

典型设计反应谱：针对钢筋混凝土框架结构，按 I 类场地，各烈度区典型反应谱如图 7.11 所示。

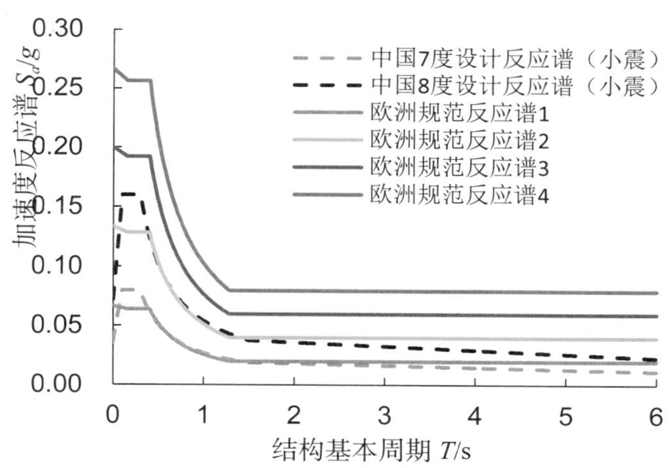

图 7.10　欧洲规范典型设计反应谱

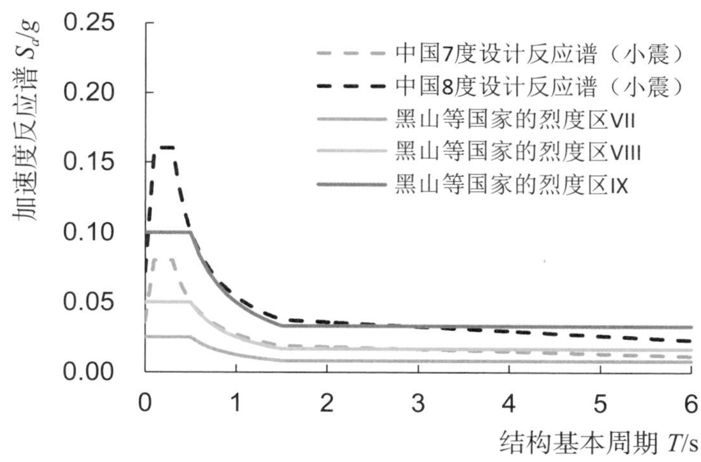

图 7.11　黑山等国家的典型设计反应谱

■ 未来地震灾害风险

欧洲 19 国国土面积大多比较小，人口相对少。历史记载只有 6 次死亡人数超过千人的地震事件，但没有单次死亡人数超过万人的地震事件记载。历史记载地震总死亡人数不到 2 万人（表 7.2），总体上地震灾害风险不高（参见图 1.5）。地震风险估计结果表明，该分区不存在高和较高地震风险水平的国家，但仍有 4 个国家（罗马尼亚、塞尔维亚、保加利亚和阿尔巴尼亚）处于中等（C 级）地震风险水平中。

其他国家均为未来地震灾害低（D 级）风险水平国家。

表 7.2　欧洲“一带一路”国家地震灾情与未来风险估计表（475 年重现期）

国家或地区	土地面积 / 10^4km	人口 / 万人	人口密度 / （人 / km^2）	GDP/ 亿美元	人均 GDP/ 美元	历史记载千人以上死亡事件			未来地震风险等级
						事件数	单次事件最大死亡人数 / 万人	总死亡人数 / 万人	
黑山	1.38	63	46	46	7240				D
立陶宛	6.53	285	44	491	17000				D
克罗地亚	5.66	424	75	572	13400	1	0.50	0.50	D
拉脱维亚	6.46	197	30	279	14200				D
阿尔巴尼亚	2.87	288	100	115	3970	1	0.20	0.20	C
爱沙尼亚	4.53	131	29	242	18400				D
斯洛文尼亚	2.03	206	102	456	22100	1	0.60	0.60	D
波黑	5.12	382	75	165	4300				D
乌克兰	60.37	4555	75	3530	8310				D
匈牙利	9.30	988	106	1302	13200				D
摩尔多瓦	3.38	356	105	78	2230				D
波兰	31.27	3849	123	5480	14400				D
罗马尼亚	23.84	2222	93	1896	8910	2	0.16	0.26	C

续表

国家或地区	土地面积 / 10^4km	人口 / 万人	人口密度 /（人 / km^2）	GDP/ 亿美元	人均 GDP/ 美元	历史记载千人以上死亡事件			未来地震风险等级
						事件数	单次事件最大死亡人数 / 万人	总死亡人数 / 万人	
捷克	7.89	1056	134	2155	20400				D
白俄罗斯	20.76	950	46	435	4580				D
马其顿	2.57	210	82	113	5470	1	0.30	0.30	D
保加利亚	11.10	715	64	512	7000				C
塞尔维亚	8.83	713	81	407	5710				C
斯洛伐克	4.90	540	110	922	17000				D

■ 地震灾害应急管理

“一带一路”在中、东欧地区的国家主体可分为欧盟成员国和独联体国家。独联体国家如乌克兰、白俄罗斯，主要是沿袭苏联、俄罗斯的灾害应对和应急体制，建立有紧急情况部，统一负责应对自然灾害等突发事件。欧盟国家如捷克、克罗地亚等，主要是在欧盟民事保护机制下，由欧盟牵头统一开展灾害应对处置。跨国灾害救助具体由设在比利时布鲁塞尔的欧盟人道主义援助和民事保护总司的监测与信息中心(MIC)负责协调。该中心承担联络枢纽、信息中心、协调支持 3 项职责，每年处理 20 多起重大突发事件。2013 年 5 月，该中心升级为欧盟的应急响应中心（ERC），具备同时应对 3 起重特大突发事件的能力。其他一些国家，如土耳其，则依据自己的国家特点建立响应的灾害应对体制。

地球物理场及地壳运动特征

1. 布格重力异常

欧洲地区“一带一路”国家布格重力异常整体分布特征单一，异常幅值在 0 ~ +100mGal 之间，北部地区异常几乎一致成片分布，南部地区则呈细条带条纹分布。

欧洲地区布格重力异常的分布特征，对应了该地区的地震构造与地震活动明显的南北差异特征，区域地震活动性，以阿尔卑斯山脉—喀尔巴阡山脉—高加索山脉为界，南强北弱，南侧的巴尔干地区发育了大量活动的构造带，地震活动强烈，主要集中在爱琴海沿岸和靠近希腊的边界地区。捷克—匈牙利—罗马尼亚一线的布格异常梯级带，对应阿尔卑斯山系东侧，该地区历史上曾有多次 6.0 级以上地震记录（图 7.12）。

2. 地磁异常

欧洲地区“一带一路”国家地磁异常数据覆盖较好，仅克罗地亚、波黑以及保加利亚大部分地区地磁异常数据缺失，但精度差异明显。从分布上看异常特征明显，欧洲北部拉脱维亚、立陶宛、白俄罗斯及乌克兰等国家境内存在较大的地磁负异常条带，幅值低至 −200nT，波兰北部及东部地区、乌克兰西部地区，存在大片区域的地磁正异常条带，幅值高至 +150nT，波兰南部、捷克东部和南部、匈牙利、罗马尼亚大部分区域均为地磁负异常分布，幅值为 −100nT 左右（图 7.13）。

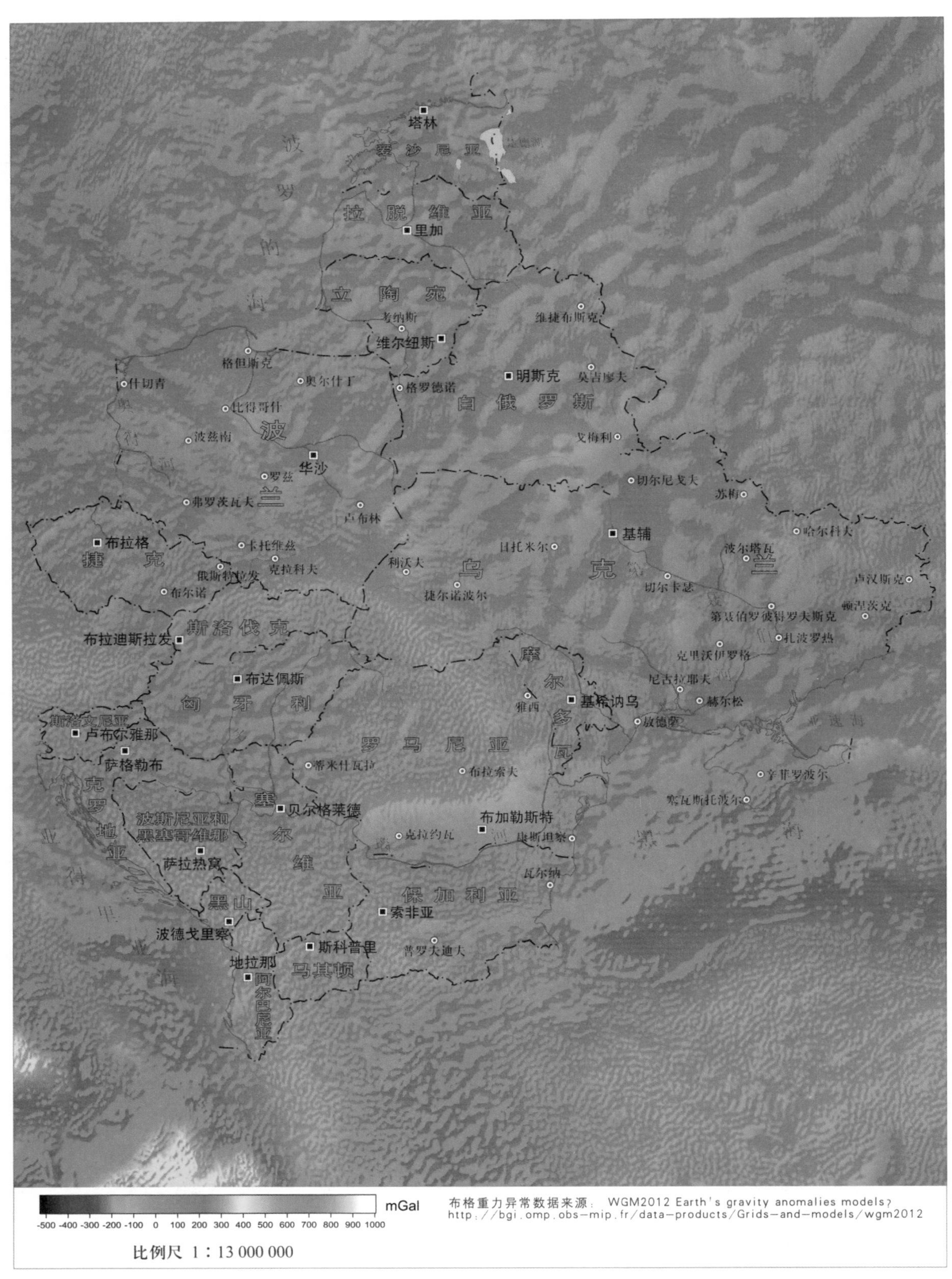

图 7.12　欧洲“一带一路”国家及周边地区布格重力异常分布图

图 7.13　欧洲“一带一路”国家及周边地区地磁异常分布图

3. 地壳运动特征

欧洲"一带一路"国家GPS速度场资料较为丰富，大部分国家均有覆盖，数据采用欧亚固定参考系（Eurasia）。本地区GPS水平运动速度较小，大部分小于3mm/a；南部马其顿、保加利亚等国境内GPS速度相对较大；本地区南侧的爱琴海板块内GPS速度场较大，对本地区南部国家有一定影响；本地区大部分国家位于稳定板块内部，仅在南部靠近地中海的巴尔干半岛上有地震分布。

巴尔干半岛南部马其顿、保加利亚等国境内GPS运动以南向运动为主，速度约2～3mm/a，从南向北至欧洲内陆GPS速度减小趋向于0～1mm/a，显示出欧洲中东部大部分国家相对欧亚大陆运动不明显，马其顿、保加利亚以北的欧洲国家地震稀少，罗马尼亚东部地震主要以中源地震为主。

巴尔干半岛西侧亚得里亚海沿岸国家，主要以斯洛文尼亚、克罗地亚以及波斯尼亚和黑塞哥维那境内的GPS水平速度场较大：斯洛文尼亚西部边境地区以北向和北东向的水平运动为主，速度约3mm/a；克罗地亚沿海地区以北东向运动为主，西北部沿海速度约3mm/a；南部沿海速度约3～5mm/a；波斯尼亚和黑塞哥维那沿海地区以北西向水平运动为主，速度约3mm/a，境内中部减小至2mm/a；在巴尔干半岛西侧沿海存在少量地震分布（图7.14）。

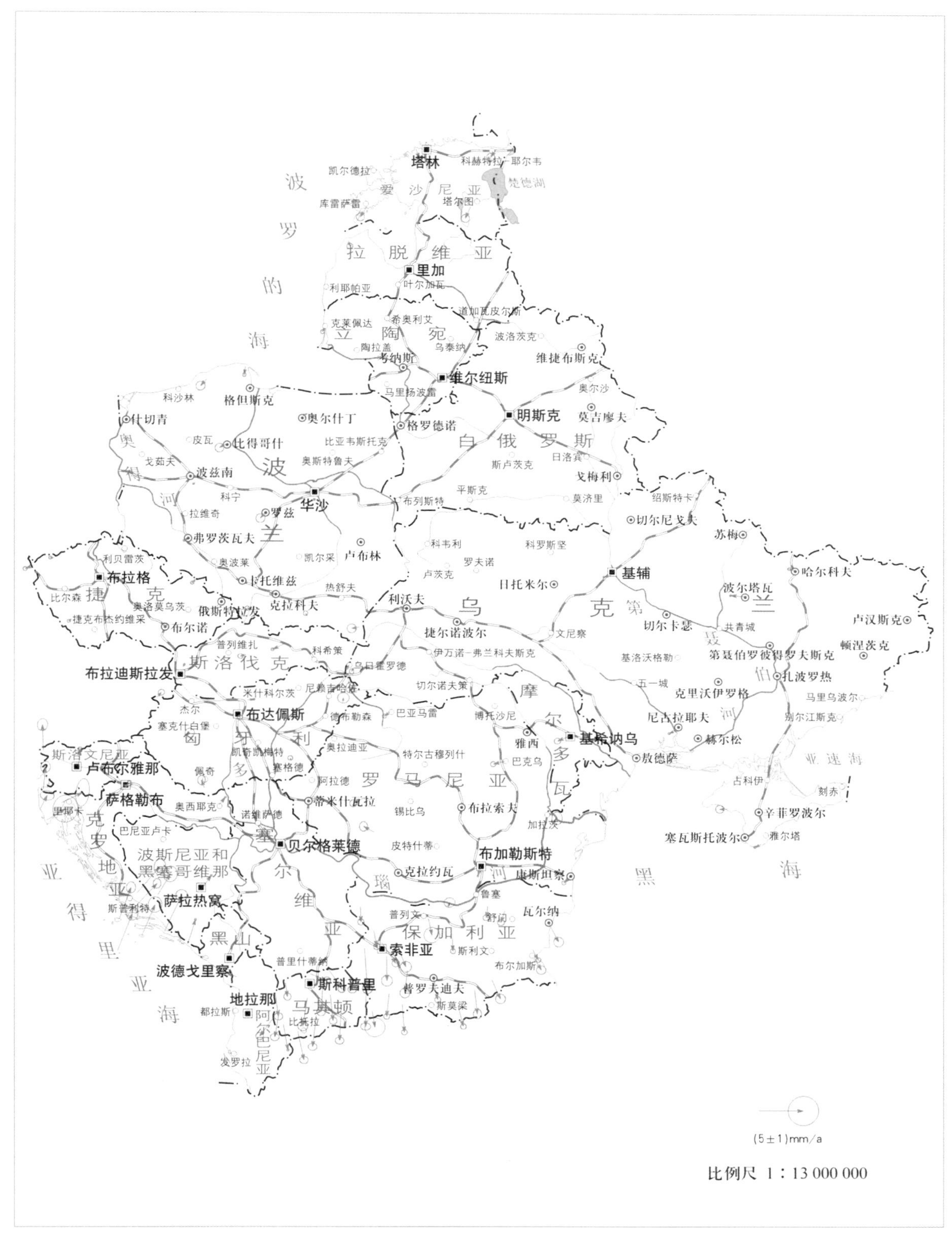

图 7.14　欧洲“一带一路”国家及周边地区 GPS 水平运动速度场

图中红色箭头表示 GPS 观测水平运动速度，箭头处圆圈表示观测误差，褐色实线表示全球构造板块边界

"一带一路"沿线国家还包括：俄罗斯联邦、新西兰、阿拉伯埃及共和国、埃塞俄比亚联邦民主共和国、南非共和国等 5 个国家。

第八章 其他国家地震安全概况

俄罗斯大部分地区地震构造和地震活动较少，东北部的库页岛、勘察加半岛和南部的贝加尔湖地区构造活动十分强烈，地震活动主要集中在上述构造活动强烈地区。地震危险性也以勘察加半岛东南部、库页岛东北部以及贝加尔湖南部的东西向条状地区为最高。

地震活动与地震构造

1. 俄罗斯、新西兰地震活动与地震构造

俄罗斯全境地震构造与地震活动存在明显的差异。其大部地区处于相对较稳定的西伯利亚克拉通上，地震构造和地震活动较少，北部与西部边界相对较稳定。但在其东北的库页岛和勘察加半岛，由于接近欧亚板块和太平洋板块的边界，地震构造十分发育，地震活动很强。此外，在俄罗斯南部的贝加尔湖地区，发育有一条超过 2000km 的地堑系，构造活动十分强烈，该地堑系发生过一系列特大地震，1957 年发生的 M7.8 地震造成了 35km 长的地表破裂带，同震位移超过 5m（图 8.1，图 8.2）。1900 年至今，俄罗斯记录到 6.0 级以上地震 64 次，其中 8.0 ～ 8.9 级地震 1 次，7.0 ～ 7.9 级地震 17 次。

新西兰位于太平洋南部，介于南极洲和赤道之间，是横跨太平洋板块与印度—澳大利亚大陆板块之间的岛国，位于“太平洋火环”断裂带上。该构造运动剧烈、地震活跃。在南岛，板块边缘以阿尔卑斯断层为标志，板块彼此水平摩擦挤压，而在新西兰南部，印度—澳大利亚板块被挤压到太平洋板块之下。板块运动导致北岛火山活动和全国有感地震多发。在地质构造上，首都惠灵顿位于一条十分明显的断层纵贯区内，是地震多发地区，1855 年的 8.2 级强震将地面抬升了 1.5m。而新西兰最大城市奥克兰，则位于主要的活火山地带。新西兰东南有一条呈北东—东南向纵贯南岛的右旋阿尔帕断层，该断裂带上的次级断裂曾引发较大规模的地震，如 2010 年 9 月 3 日达费尔德（属坎特伯雷）7.1 级地震，造成坎特伯雷中部，特别是克赖斯特彻奇建筑物的严重损坏，这次地震揭示出坎特伯雷平原碎石下存在一条近东西走向的隐伏断层。2011 年此断裂带上再次发生 6.3 级地震，造成更加严重的破坏。

2. 俄罗斯及周边地区地震监测能力

俄罗斯境内地震监测能力与中亚地区相当，整体具备 5 级左右地震监测能力，在现有台站分布地区能够保证台站附近 3 级地震、较远处 4 级地震不遗漏（图 8.3）。整体上没有形成连片的较高地震监测能力地区，监测能力达到 4 级的区域基本孤立存在，这主要是由于俄罗斯大部地区地震活动水平较低、地震监测能力建设需求不迫切造成的，但是贝加尔湖南部、库页岛和勘察加半岛等地震活动水平相对较高地区并没有进行系统化的台网建设。

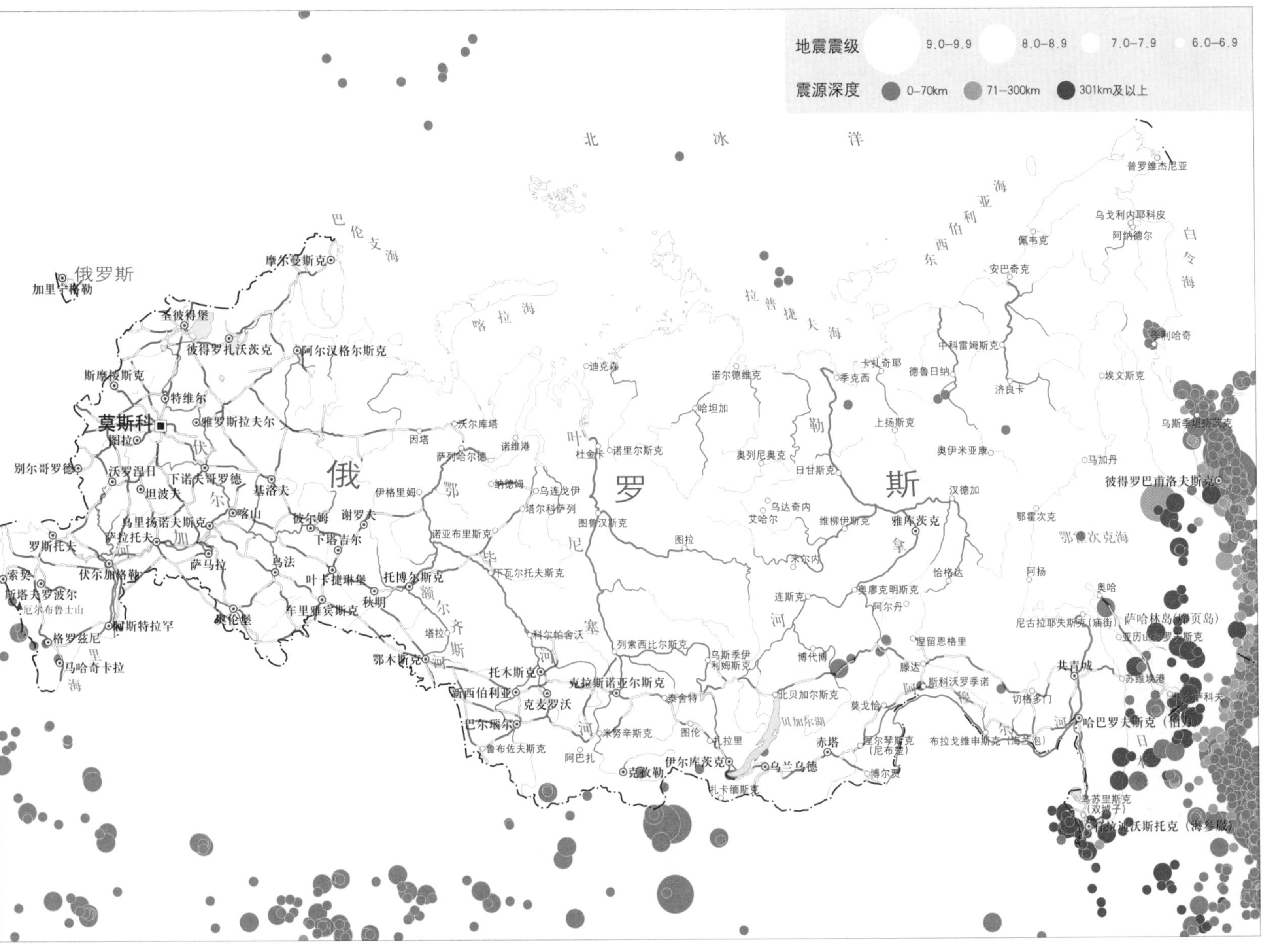

图 8.1 俄罗斯及周边地区 6.0 级以上地震震中分布图

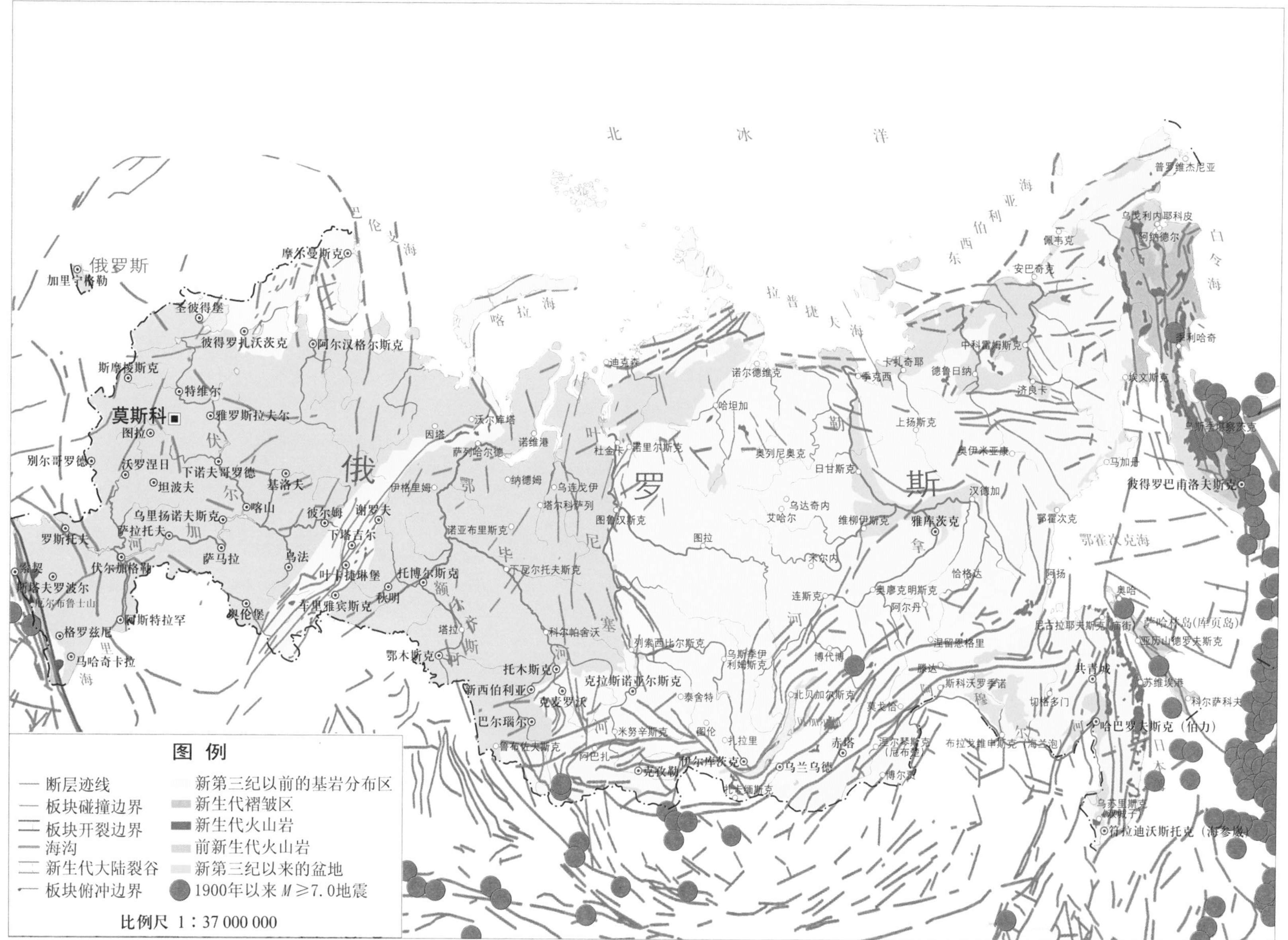

图 8.2　俄罗斯及周边地区地震构造图

图 8.3 俄罗斯理论地震监测能力分布图

■ 地震危险性及地震灾害概述

1. 俄罗斯等五国地震危险性

俄罗斯境内大部分地区地震活动性与构造活动性整体较弱，因此地震危险性也相对较低。相对地，贝加尔湖南部地区、库页岛东北部、勘察加半岛东南部、西南部与格鲁吉亚边界地区以及远东东西伯利亚局部地区危险性相对较高，这与俄罗斯及周边的地震构造背景是相匹配的（图 8.4）。

2. 新西兰重大地震灾害

2011 年 2 月 22 日中午 12 时 51 分，新西兰第二大城市克莱斯特彻奇（基督城）发生 6.3 级强烈地震，震源深度仅有 4km。地震共造成 182 人遇难，成为新西兰 80 年来死伤最为惨重的地震。此次地震的震中位于克莱斯特彻奇市区以南仅 10km 的利特尔顿，其后发生多次余震，最大余震 5.7 级。由于距离近、震源浅，对大量建筑物造成了破坏，其中受灾最为严重的是市中心的中央商务区。该区面积约 $15km^2$，集中了主要的市政建筑、办公建筑等，一些在 2010 年地震中受到破坏的建筑在本次地震中倒塌，破坏严重、甚至倒塌的建筑物数十栋。除一些早期的砖砌体老建筑（主要是教堂），发生倒塌的钢筋混凝土建筑物主要是 CTV 大楼和 PGC 大楼。尤其是 CTV 大楼，在震后发生了火灾，造成了大量的人员死亡，其中有 11 名中国公民。

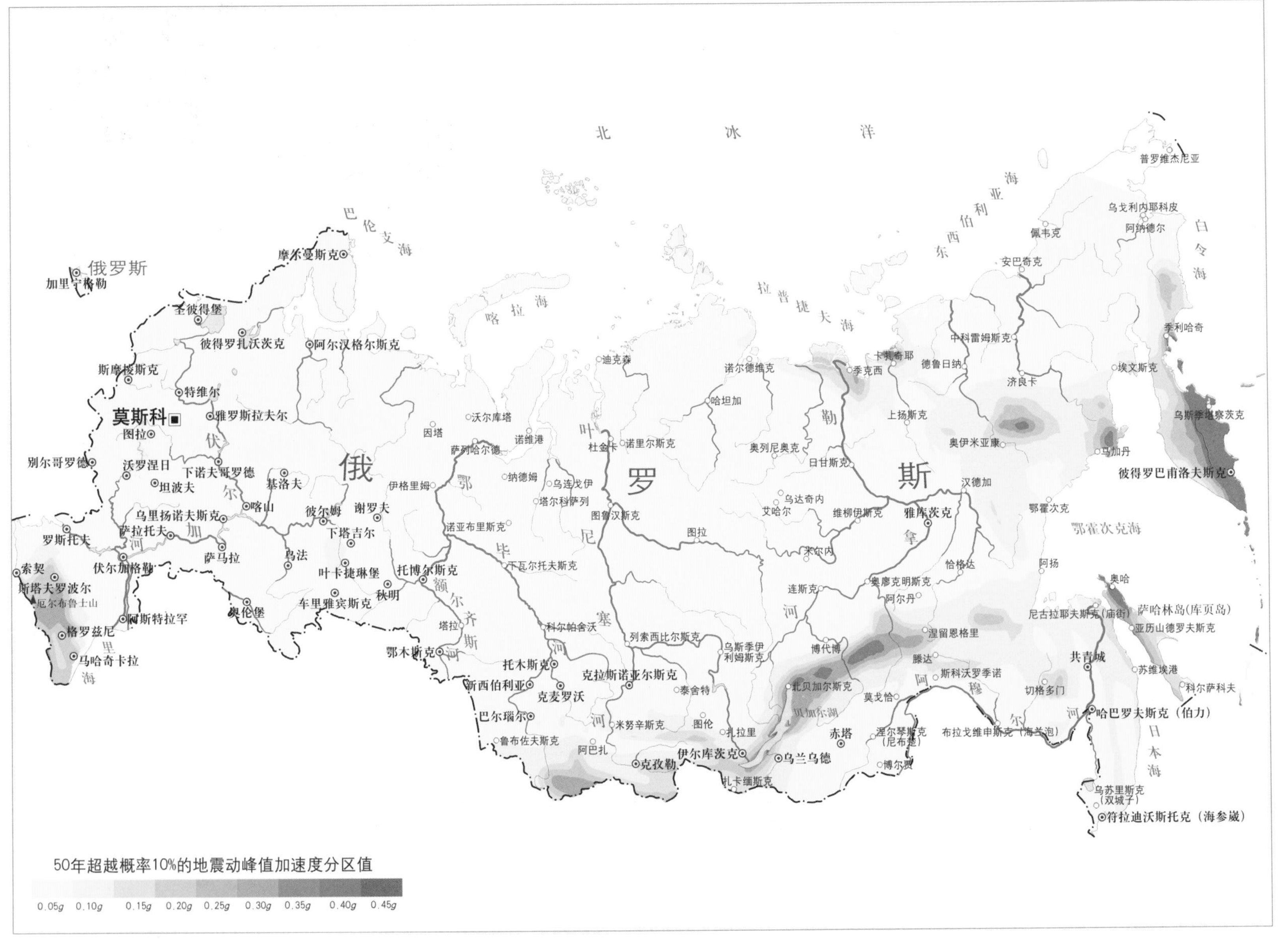

图 8.4 俄罗斯 50 年超越概率 10% 的地震动峰值加速度分区图

数据来源：“全球地震危险性图”（Global Seismic Hazard Map）项目（Giardini et al., 1999）

■ 抗震设防基本状况

1. 新西兰等国家房屋建筑特点

新西兰在房屋建造的过程中，十分注重房屋的造型多样化、结构轻型化。新西兰的房子外观造型多种多样，有的犹如一件艺术珍品，别墅式独立房子多为橙红色，斜坡屋顶，有的上面加有木结构的一小层或两层楼房。结构多为硬木框架，外加单层空心砖，有一定承重力。墙砖色彩造型多样，有现代化的淡雅的白色、也有古色古香的仿古色彩很浓的表面凹凸不平的外墙（图 8.5）即为新西兰典型的建筑结构。

埃塞俄比亚的建筑结构为底层架空、开放式中庭、过厅、廊道，底层建筑多因地制宜就地取材，例如混凝土、石材、土坯墙、黏土、砖、木、茅草等。而援外工程，低层建筑采用砖混结构，这种结构隔热性能好；也有混凝土框架结构，加以砖石填充墙隔热。

图 8.5　新西兰典型的建筑结构

2. 新西兰等国家房屋建筑抗震设防概况

（1）新西兰

规范名称：New Zealand Seismic Regulations；

版本 / 年代：NZS 4203：1992；

设防烈度 / 设防水准：无设防烈度，对全国区域采用抗震区划系数 Z 进行标定，如图 8.6 所示；

图 8.6　抗震区划系数 Z

建筑重要性系数：综合结构功能用途和损失大小，将建筑分为 5 类；

场地类别：分为 3 类（根据剪切波速、软土层厚度）；

设计采用水准：与中国类似，

第一水准：50 年一遇，保证正常使用功能；

第二水准：475 年一遇，防止出现不可修复的损伤；

第三水准：5000 年一遇，防止结构倒塌；

典型设计反应谱：针对普通钢筋混凝土框架结构，各烈度区典型反应谱如图 8.7 所示。

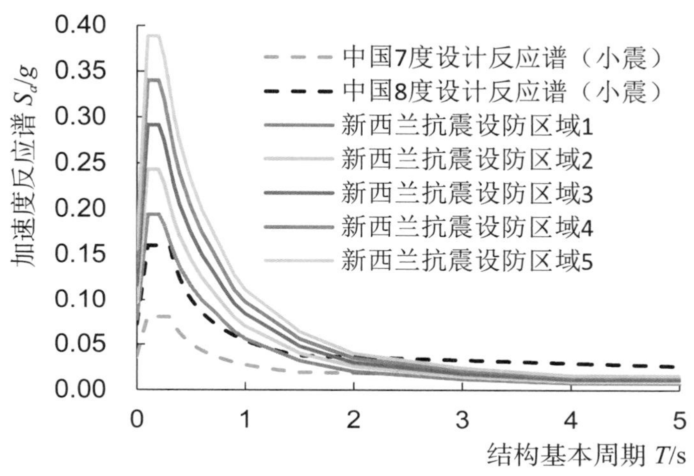

图 8.7　新西兰典型设计反应谱

（2）埃塞俄比亚

规范名称：Ethiopian Building Code Standard；

版本 / 年代：1995 EBCS-8-95；

设防烈度 / 设防水准：无设防烈度，对全国区域采用抗震区划系数 α_0 进行标定，如图 8.8 和表 8.1 所示；

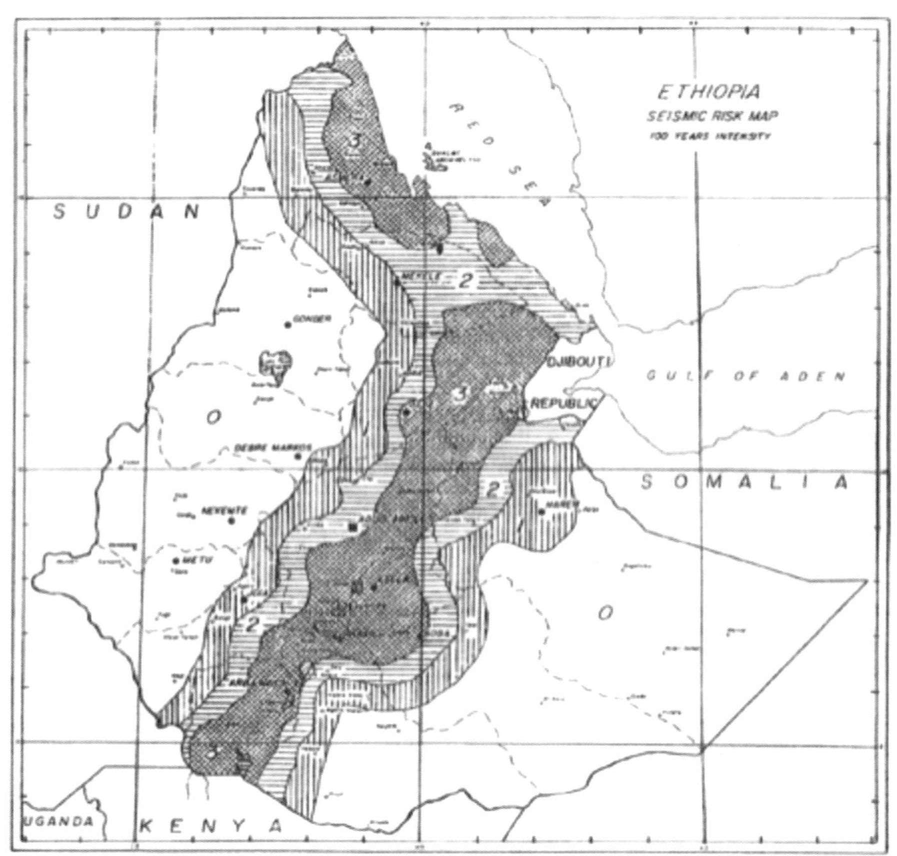

图 8.8　抗震区划系数 α_0

表 8.1　基岩加速度比值

zone	3	2	1	0
α_0	0.10	0.05	0.025	0

建筑重要性系数：综合结构功能用途和损失大小，将建筑分为 4 类；

场地类别：分为 3 类（剪切波速、软土层厚度、土壤类型）；

设计采用水准：按照设计重现期 100 年进行抗震设计；

典型设计反应谱：针对普通钢筋混凝土框架结构，各烈度区典型反应谱如图 8.9 所示。

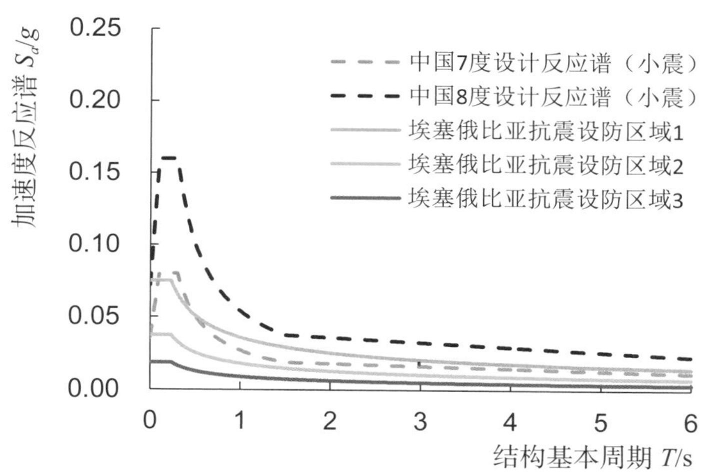

图 8.9　埃塞俄比亚典型设计反应谱

（3）埃及

规范名称：Regulation for Earthquake-Resistant Design of Buildings in Egypt；

版本 / 年代：1988；

设防烈度 / 设防水准：划分为 4 个烈度区（Ⅴ ~ Ⅷ）；

场地类别：按土体组成分为 3 类场地（1 ～ 3）；

典型设计反应谱：针对钢筋混凝土框架结构，按第 1 类场地，各烈度区典型反应谱如图 8.10 所示。

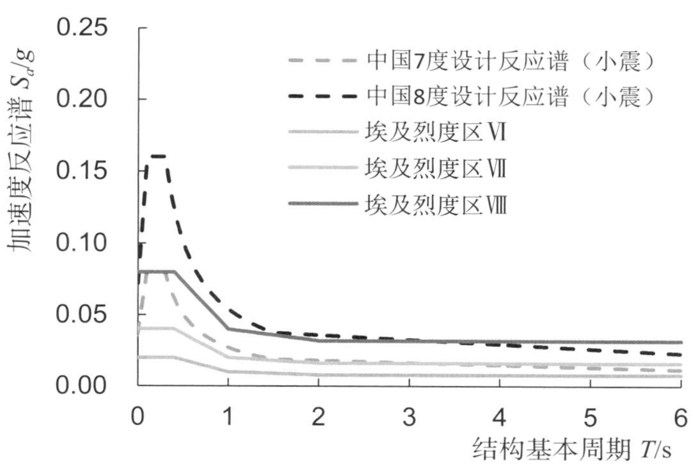

图 8.10　埃及典型设计反应谱

未来地震灾害风险

俄罗斯是“一带一路”国家和地区中，国土面积最大的国家，达1710万km^2，人口1.46亿，平均人口密度非常低。历史记载千人死亡地震事件只有3次。单次事件最大死亡人数4000人，历史记载地震总死亡人数约7200人（表8.2）。是未来地震灾害中等（C级）风险国家。考虑其国土面积，总体上地震风险水平不高。主要地震风险区集中在俄罗斯远东南部和东部地区、欧洲部分与格鲁吉亚交界的边境一带（图8.11）。

埃及是“一带一路”3个非洲国家之一，国土面积约100万km^2，人口近1亿。历史记载千人死亡地震事件有5次，单次事件最大死亡达4万人，历史记载地震总死亡人数约12.3万人（表8.2），是未来地震灾害中等（C级）风险国家，主要地震风险区集中在埃及东北部及东部地区。

埃塞俄比亚历史记载无千人死亡地震事件。东非大裂谷呈南北向穿过埃塞俄比亚中部地区，使得该区域具有较高的地震危险性和地震风险水平，是未来地震灾害中等（C级）风险国家。

南非历史记载无千人死亡地震事件，地震危险性水平总体不高，预测是未来地震灾害低（D级）水平风险国家。

新西兰历史记载无千人死亡地震事件。新西兰全境地震危险性均较高，由于人口密度相对比较低，预测是未来地震灾害中等（C级）水平风险国家。

表8.2　俄罗斯及周边地区地震灾情与未来风险估计（475年重现期）

国家或地区	土地面积/10^4km	人口/万人	人口密度/（人/km^2）	GDP/亿美元	人均GDP/美元	历史记载千人以上死亡事件			未来地震风险等级
						事件数	单次事件最大死亡人数/万人	总死亡人数/万人	
新西兰	27.0	464	17	1584	34700				C
埃塞俄比亚国	110.4	9940	90	625	610				C
埃及	100.1	9240	92	3308	3640	5	4.00	12.3	C
南非	121.9	5450	45	3162	5800				D
俄罗斯	1710	14600	9	2	14600	3	0.40	0.72	C

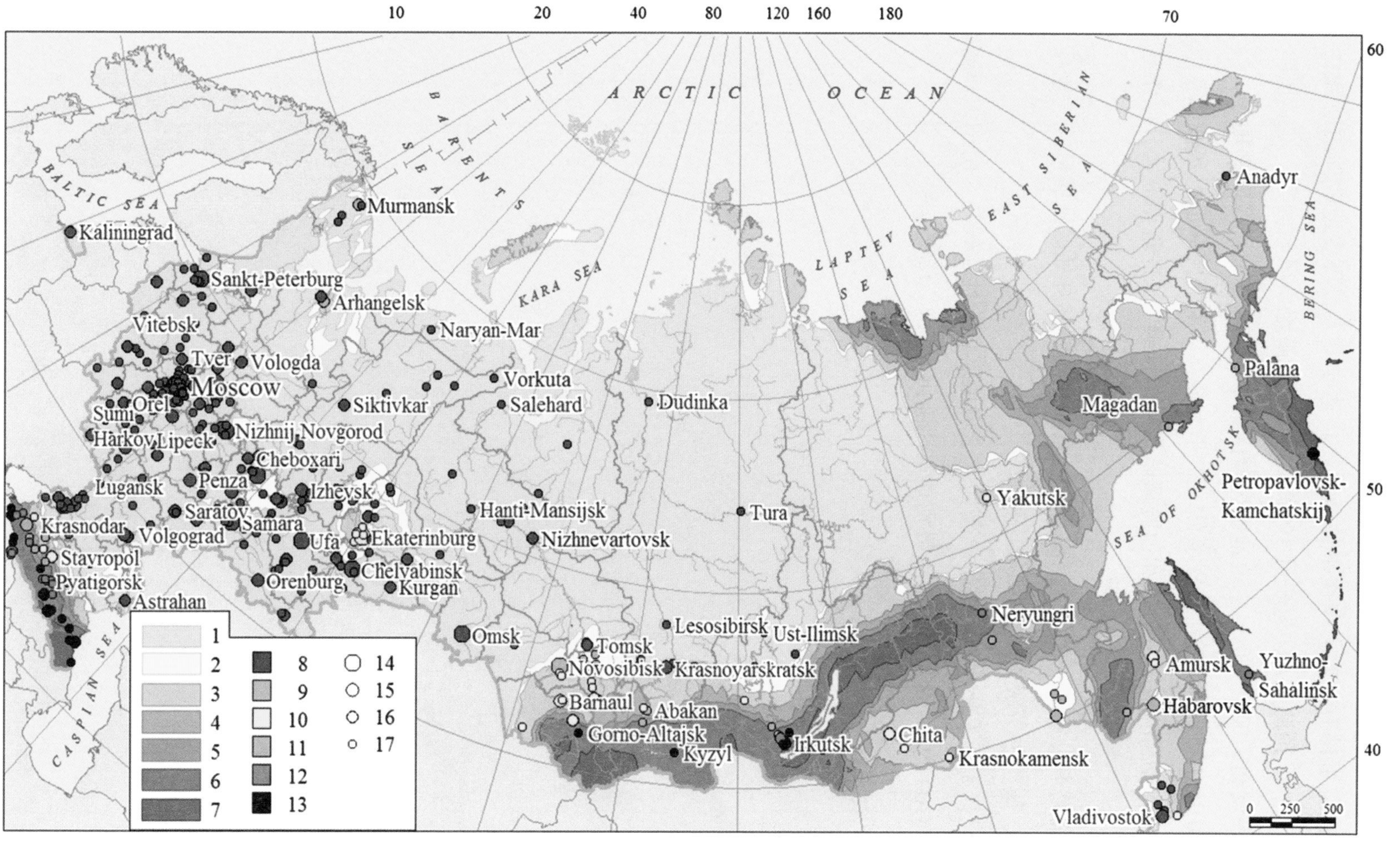

图 8.11　俄罗斯地震风险分布图（Corbane et al.，2017）

全国尺度地震风险值（单位：10^{-5}/年）：1.<0.5，2.0.5 ~ 1，3.1 ~ 5，4.5 ~ 10，5.10 ~ 20，6.20 ~ 50，7.≥ 50；

人口大于 5 万的城市地震风险值（单位：10^{-5}/年）：8.<0.5，9.0.5 ~ 1，10.1 ~ 5，11.5 ~ 10，12.10 ~ 20，13.20 ~ 50.

居民人口数（单位：人）：14.≥ 100 万，15.50 万~ 100 万，16.20 万~ 50 万，17.<20 万

埃及是“一带一路”沿线3个非洲国家之一，国土面积约100万 km^2，人口近1亿。历史记载千人死亡地震事件有5次，单次事件最大死亡达4万人，历史记载地震总死亡人数约12.3万人（表8.2）。预测AAD为超过1000人，属于甚高地震风险国家，地震风险排名在“一带一路”国家和地区第9位。主要地震风险区集中在埃及东北部及东部地区。

埃塞俄比亚历史记载无千人死亡地震事件。东非大裂谷呈南北向穿过埃塞俄比亚中部地区，使得该区域具有较高的地震危险性和地震风险水平。预测AAD近700人，属于高地震风险等级国家。

南非历史记载无千人死亡地震事件。南非中、东部和南部部分地区地震危险性较高。预测AAD约60人，属于中等级别地震风险国家。

新西兰历史记载无千人死亡地震事件。新西兰全境地震危险性均较高，由于人口密度相对比较低，预测AAD约70人，属于中等级别地震风险国家。

■ 地震灾害应急管理

俄罗斯联邦紧急状态部机构健全，从中央到地方，从首都到各大城市都成立了健全的紧急状态机构。紧急状态部还有若干内部设施和机构，其中比较重要的是地区性中心。同时，许多地区、省、自治区、县和镇都设有民防和应急司令部。司令部一般设在有化学工厂的城镇，下辖 80 个中央搜索小分队，分队各由约 200 名队员组成。减灾指挥中心还配有专门的计算机，负责处理分析来自各分支机构或相关部门提供的信息，及时发布预警或公布灾情的相关数据，促进减灾工作的开展。俄罗斯国家救援队 2011 年通过联合国重型救援队伍测评，总人数达 600 人。

新西兰政府非常重视自然灾害防御与应对工作，国家设有民防部专门负责地震、洪水、火山、滑坡、土壤流失、海啸、风暴等灾害防御与应对工作。国家、各大区（相当于我国的省）和地方（相当于我国的市、县）三级都设有负责灾害防御的政府民防总指挥中心。一旦发生自然灾害和其他突发事件，视灾害的大小及破坏程度决定哪一级政府的民防总指挥宣布相应的全国、地区或地方进入灾害紧急状态。新西兰民防部的主要任务就是防御和减轻自然灾害造成的伤亡与损失，包括减灾、备灾、响应及恢复等 4 个环节。“减灾”包括国土利用规划、保险和建筑物抗震规范；“备灾”包括减灾计划、警报系统和培训；“响应”包括救援、疏散、救济灾民；“恢复”包括清理、设计与重建等。民防总指挥部总部位于国家议会大厦，该部由新西兰国家民防部管辖，是全国民防管理工作的指挥机构。有关紧急事件的信息集中到总部，由总部进行分析研究，做出决策，向有关部门部署。当发生全国性自然灾害时，只要国家民防总指挥宣布国家进入紧急状态，民防总指挥部立即进入工作状态，内阁成员、各生命线工程负责人以及有关行业的高级顾问将一起参与救灾指挥工作。作为地震多发国，新西兰救援队伍体系完善，1995 年建立了对外的国际救援队伍，队伍约 70 人，多次参与国际地震救援，2015 年通过联合国重型救援队测评。

■ 地球物理场特征

1. 俄罗斯布格重力异常

俄罗斯的布格重力异常空间分布较为一致，无明显突变，幅值均在 −100 ~ +100mGal 之间。俄罗斯地区处于相对较稳定的西伯利亚克拉通上，地震构造和地震活动较少，布格重力异常的分布特征与之相对应。俄罗斯地理位置上北部与北极相邻，南部与蒙古和中国接壤，西部与欧洲相连，东部到达太平洋。北部与西部边界相对较稳定。但是在俄罗斯东北的库页岛和勘察加半岛，由于接近欧亚板块和太平洋板块的边界，地震构造十分发育，地震活动很强。此外，在俄罗斯南部的贝加尔湖地区，构造活动十分强烈，历史上曾发生过一系列特大地震（图 8.12）。

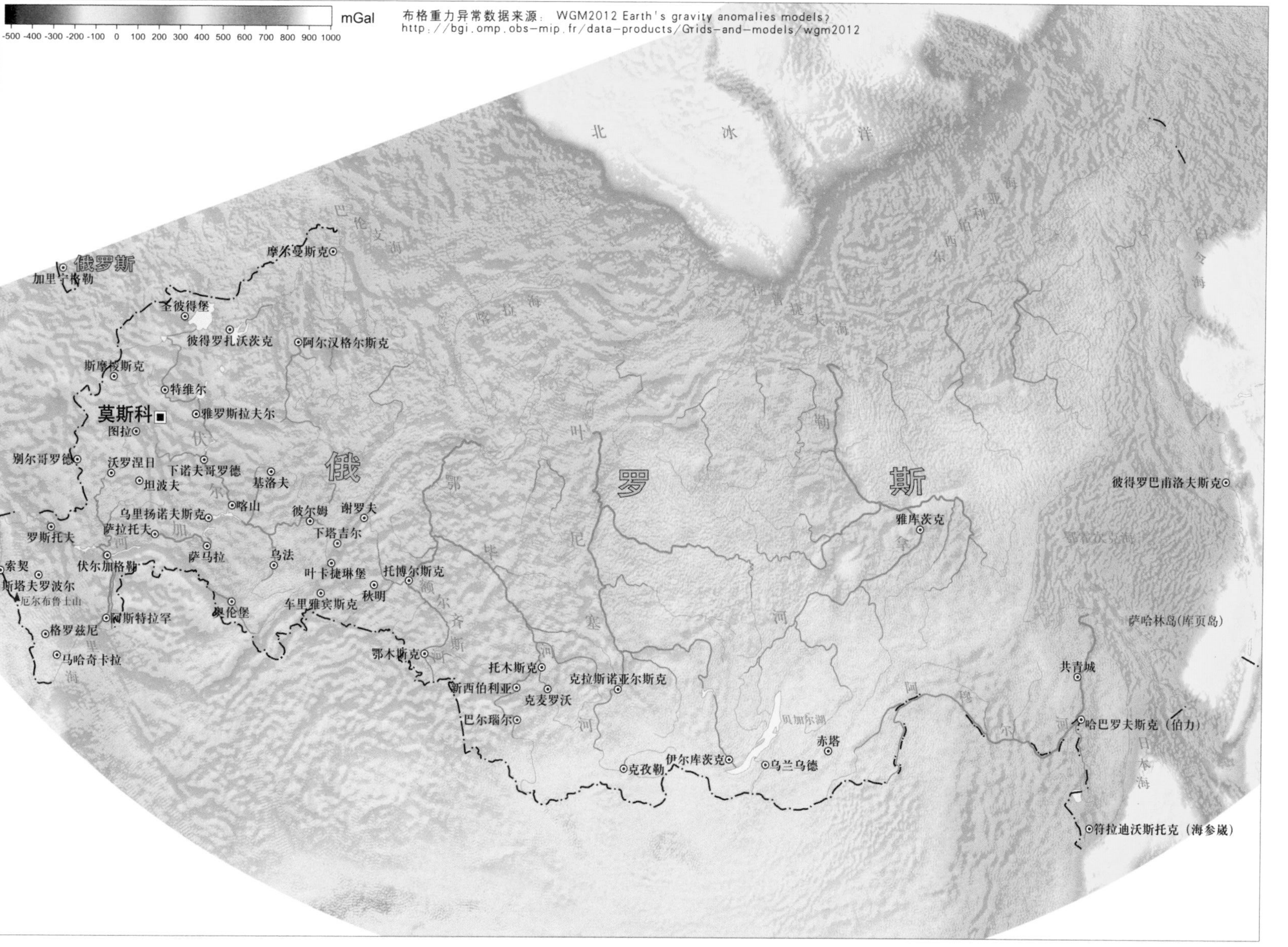

图 8.12　俄罗斯及周边地区布格重力异常分布图

2. 俄罗斯地磁异常

俄罗斯境内地磁异常数据无明显缺失，但精度存在差异，北部近北极区域数据精度较低，南部精度较高，整体呈正负相间条带分布。俄罗斯北部与西部边界相对较稳定。从地磁异常分布特征来看，俄罗斯东北的库页岛和勘察加半岛等区域异常特征明显，该地区由于接近欧亚板块和太平洋板块的边界，地震构造十分发育，地震活动很强。此外，在俄罗斯南部的贝加尔湖地区，构造活动十分强烈，历史上曾发生过一系列特大地震，地磁异常特征与之相对应（图 8.13）。

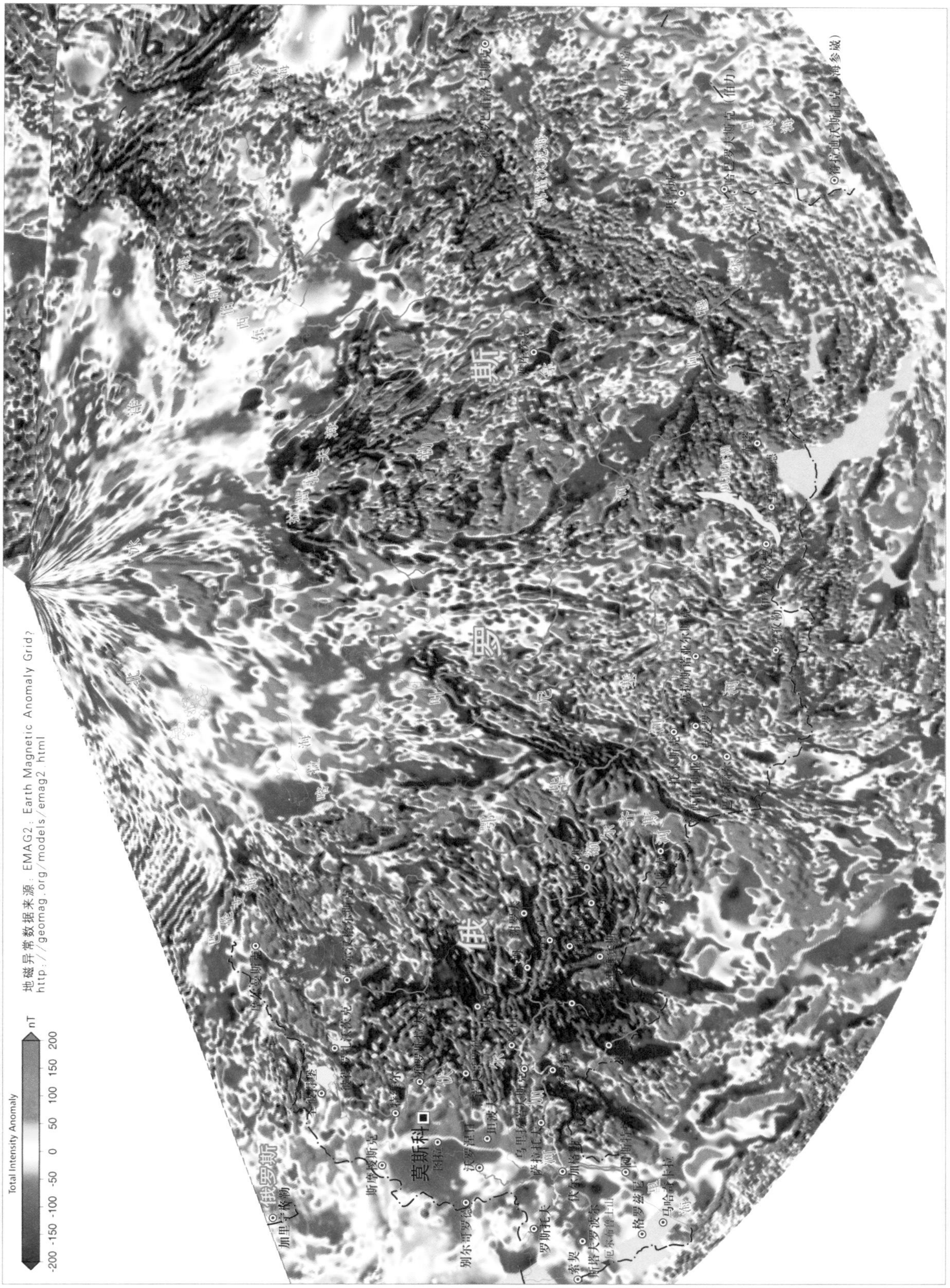

图 8.13 俄罗斯及周边地区地磁异常分布图

附　　录

本附录包括“一带一路”沿线国家概况、名词解释、数据来源说明三项内容。附录一分地区对“一带一路”沿线国家的面积、人口、语言等基本情况做了简要介绍，可与正文互为补充。附录二从危险性及地球物理场、地壳运动特征、建筑抗震设防、地震灾害应急管理四个方面对一些专业名词做了解释，以帮助不同专业背景的读者更好地使用本报告。附录三包含了地震目录、地球物理场、地壳运动特征、地震危险性、地震构造、地震灾害六个方面基础数据和资料的来源说明，感兴趣的读者可以在此基础上进行更深入的分析和研究。

附录一 “一带一路”沿线国家概况

东亚地区

朝鲜

朝鲜民主主义人民共和国(Democratic People's Republic of Korea),面积12.3万平方千米,人口约2400万。单一民族,通用朝鲜语。首都平壤。货币朝鲜元。9月9日为国庆日。

韩国

大韩民国(Republic of Korea),面积约10万平方千米,人口约5000万。单一民族,通用韩国语。50%左右的人口信奉基督教、佛教等宗教。首都首尔。货币韩元。10月3日为国庆日(建国日)。

蒙古

蒙古国(Mongolia),面积156.65万平方千米,人口约296万(2014年8月)。喀尔喀蒙古族约占人口的80%,此外还有哈萨克等少数民族。主要语言为喀尔喀蒙古语。居民主要信奉喇嘛教。首都乌兰巴托。货币图格里克。7月11日为国庆日(那达慕)。

中国

中华人民共和国(The People's Republic of China),面积约960万平方千米,人口约13亿8000万。有56个民族,汉族约占人口的90.56%。少数民族中,壮、满、回、苗、维吾尔、土家、彝、蒙古、藏、布依、侗、瑶、朝鲜、白、哈尼、哈萨克、黎、傣等民族的人口在百万以上。通用语言为汉语,但各民族聚居区同时使用本民族的语言和文字。是多宗教国家,宗教信仰自由,主要宗教有佛教、道教、伊斯兰教、天主教和基督教等,道教是中国本土宗教。首都北京。货币人民币。10月1日为国庆日。

* 根据中国“一带一路网”资料整理。

东南亚地区

东帝汶

东帝汶民主共和国（Democratic Republic of Timor-Leste），面积 14874 平方千米，人口 116.7 万（2015 年），其中 78% 为土著人（巴布亚族与马来族或波利尼西亚族的混血人种），20% 为印尼人，2% 为华人。德顿（TETUM）语和葡萄牙语为官方语言，印尼语和英语为工作语言，德顿语为通用语和主要民族语言。约 91.4% 人口信奉天主教，2.6% 信奉基督教，1.7% 信奉伊斯兰教。首都帝力。通用货币美元，发行与美元等值的本国硬币。 11 月 28 日为独立日。

菲律宾

菲律宾共和国（Republic of the Philippines），面积 29.97 万平方千米，人口 1 亿 98 万（2015 年 8 月）。马来族占全国人口的 85% 以上，有 70 多种语言。国语是以他加禄语为基础的菲律宾语，英语为官方语言。国民约 85% 信奉天主教，4.9% 信奉伊斯兰教，少数人信奉独立教和基督教新教，华人多信奉佛教，原住民多信奉原始宗教。首都大马尼拉市。货币比索。6 月 12 日为国庆日（独立日）。

柬埔寨

柬埔寨王国（Kingdom of Cambodia），面积 181035 平方千米，人口 1440 万。有 20 多个民族，高棉族是主体民族，占总人口的 80%。高棉语为通用语言，与英语、法语同为官方语言。佛教为国教。首都金边。货币瑞尔。11 月 9 日为独立日。

老挝

老挝人民民主共和国（The Lao People's Democratic Republic），面积 23.68 万平方千米，人口 680 万（2015 年）。有 49 个民族，分属老泰语族系、孟 – 高棉语族系、苗 – 瑶语族系、汉 – 藏语族系，统称为老挝民族。通用老挝语。居民多信奉佛教。华人约 3 万多人。首都万象。

货币基普。12 月 2 日为国庆日。

马来西亚

马来西亚（Malaysia），面积约 33 万平方千米，人口 3000 万。其中马来人 68.1%，华人 23.8%，印度人 7.1%，其他种族 1.0%。马来语为国语，通用英语，华语使用较广泛。伊斯兰教为国教，其他宗教有佛教、印度教和基督教等。首都吉隆坡。货币林吉特。8 月 31 日为国庆日（独立日）。

缅甸

缅甸联邦共和国（The Republic of the Union of Myanmar），面积 676578 平方千米，人口 5390 万（2015 年）。共有 135 个民族，主要有缅族、克伦族、掸族、克钦族、钦族、克耶族、孟族和若开族等，缅族约占总人口的 65%。各少数民族均有自己的语言，其中克钦、克伦、掸和孟等民族有文字。全国 85% 以上的人信奉佛教，约 8% 的人信奉伊斯兰教。首都内比都，同缅甸有外交关系的国家将使馆设在仰光。货币缅币。1 月 4 日为独立日。

泰国

泰王国（The Kingdom of Thailand），面积 51.3 万平方千米，人口 6450 万。全国共有 30 多个民族，泰族为主要民族，占人口总数的 40%。泰语为国语。90% 以上的民众信仰佛教，马来族信奉伊斯兰教，还有少数民众信仰基督教、天主教、印度教和锡克教。首都曼谷。货币铢。12 月 5 日为国庆日。。

文莱

文莱达鲁萨兰国（Negara Brunei Darussalam），面积 5765 平方千米，人口 41.72 万（2015 年）。其中马来人占 66%，华人约占 10%，其他族群和外籍人占 24%。 马来语为国语，通用英语，华人使用华语较广泛。伊斯兰教为国教，其他有佛教、基督教等。首都斯里巴加湾市。货币文莱元。2 月 23 日为国庆日，开斋节是其最盛大的节日。1984 年 1 月 1 日独立，正式宣布“马来伊斯兰君主制”为国家纲领。

新加坡

新加坡共和国（Republic of Singapore），面积 719.1 平方千米（2015 年），总人口 553.5 万（2015 年），公民和永久居民 390.2 万。华人占 75% 左右，其余为马来人、印度人和其他种族。马来语为国语，英语、华语、马来语、泰米尔语为官方语言，英语为行政用语。主要宗教为佛教、道教、伊斯兰教、基督教和印度教。首都新加坡。货币新加坡元。8 月 9 日为国庆日。

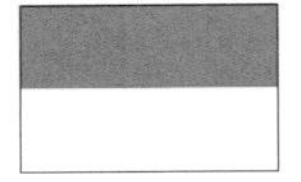

印度尼西亚

印度尼西亚共和国（Republic of Indonesia），陆地面积 1904443 平方千米，人口 2.555 亿，世界第四人口大国。有数百个民族，其中爪哇族人口占 45%，巽他族 14%，马都拉族 7.5%，马来族 7.5%，其他 26%。民族语言共有 200 多种，官方语言为印尼语。约 87% 的人口信奉伊斯兰教，是世界上穆斯林人口最多的国家。6.1% 的人口信奉基督教，3.6% 信奉天主教，其余信奉印度教、佛教和原始拜物教等。首都雅加达。货币印度尼西亚盾。8 月 17 日为独立日。

越南

越南社会主义共和国（The Socialist Republic of Viet Nam），面积 329556 平方千米，人口 9170 万（2015 年 12 月）。有 54 个民族，京族占总人口 86%，岱依族、傣族、芒族、华人、侬族人口均超过 50 万。主要语言为越南语（官方语言、通用语言、主要民族语言）。主要宗教佛教、天主教、和好教与高台教。首都河内。货币越南盾。9 月 2 日为国庆日。

南亚地区

巴基斯坦

巴基斯坦伊斯兰共和国（The Islamic Republic of Pakistan），面积 796095 平方千米（不包括巴控克什米尔地区），人口 1.97 亿。是多民族国家，其中旁遮普族占 63%，信德族占 18%，帕坦族占 11%，俾路支族占 4%。乌尔都语为国语，英语为官方语言，主要民族语言有旁遮普语、信德语、普什图语和俾路支语等。95% 以上的居民信奉伊斯兰教（国教），少数信奉基督教、印度教和锡克教等。首都伊斯兰堡。货币巴基斯坦卢比。3 月 23 日为国庆日。

不丹

不丹王国（The Kingdom of Bhutan），面积约 3.8 万平方千米，人口 783689（2016 年 12 月）。人口增长率约为 1.3%。不丹族约占总人口的 50%，尼泊尔族约占 35%。不丹语“宗卡”为官方语言。藏传佛教（噶举派）为国教，尼泊尔族居民信奉印度教。首都廷布。货币努扎姆。12 月 17 日为国庆日。

马尔代夫

马尔代夫共和国（The Republic of Maldives），总面积 9 万平方千米（含领海面积），陆地面积 298 平方千米，人口 34.1 万（2014 年）。均为马尔代夫族。民族语言和官方语言为迪维希语，上层社会通用英语。伊斯兰教为国教，属逊尼派。首都马累。货币拉菲亚。7 月 26 日为独立日。

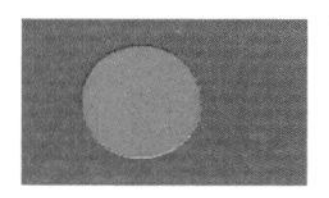

孟加拉国

孟加拉人民共和国 (The People's Republic of Bangladesh)，面积 147570 平方千米，人口约 1.6 亿。孟加拉族占 98%，另有 20 多个少数民族。孟加拉语为国语，英语为官方语言。

伊斯兰教为国教，穆斯林占总人口的 88%。首都达卡。货币塔卡。3 月 26 日为国庆日和独立日。

尼泊尔

尼泊尔（Nepal），面积 147181 平方千米，人口约 2850 万（2016 年）。尼泊尔语为国语，上层社会通用英语。多民族、多宗教、多种姓、多语言国家。居民 86.2% 信奉印度教，7.8% 信奉佛教，3.8% 信奉伊斯兰教，2.2% 信奉其他宗教。首都加德满都。货币尼泊尔卢比。5 月 28 日为共和日，9 月 20 日为国庆日。

斯里兰卡

斯里兰卡民主社会主义共和国（The Democratic Socialist Republic of Sri Lanka），面积 65610 平方千米，人口 2048 万（2013 年）。僧伽罗族占 74.9%，泰米尔族 15.4%，摩尔族 9.2%, 其他 0.5%。僧伽罗语、泰米尔语同为官方语言和全国语言，上层社会通用英语。居民 70.2% 信奉佛教，12.6% 信奉印度教，9.7% 信奉伊斯兰教，7.4% 信奉天主教和基督教。首都科伦坡。货币卢比。2 月 4 日为独立日。

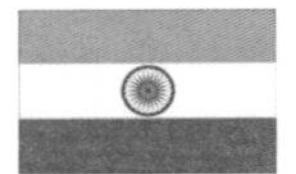

印度

印度共和国（The Republic of India），面积约 298 万平方千米（不包括中印边境印占区和克什米尔印度实际控制区等），人口 12.95 亿（世界银行 2014 年统计数据）。有 100 多个民族，其中印度斯坦族约占总人口的 30%，其他较大的民族包括马拉提族、孟加拉族、比哈尔族、泰固族、泰米尔族等。世界各大总宗教在印度都有信徒，其中印度教教徒和穆斯林分别占总人口的 80.5% 和 13.4%。官方语言为印地语和英语。首都新德里。货币印度卢比。1 月 26 日为共和国日，8 月 15 日为独立日。

中亚地区

阿富汗

阿富汗伊斯兰共和国（The Islamic Republic of Afghanistan），面积 647500 平方千米，人口约 3270 万。普什图族占 40%，塔吉克族占 25%，还有哈扎拉、乌兹别克、土库曼等 20 多个少数民族。普什图语和达里语是官方语言，其他语言有乌兹别克、俾路支、土耳其语等。逊尼派穆斯林占 80%，什叶派穆斯林占 19%，其他占 1%。首都喀布尔。货币阿富汗尼。8 月 19 日为独立日。

哈萨克斯坦

哈萨克斯坦共和国（Republic of kazakhstan），面积 272.49 万平方千米，人口 1760.8 万（截至 2015 年 10 月）。民族 140 个，其中哈萨克族占 65.5%，俄罗斯族占 21.4%。哈萨克语为国语，官方语言为哈萨克语和俄语。50% 以上居民信奉伊斯兰教（逊尼派）。此外，还有东正教、天主教和佛教等。首都阿斯塔纳。货币坚戈。12 月 16 日为独立日。

吉尔吉斯斯坦

吉尔吉斯共和国，面积 19.99 万平方千米（90% 在海拔 1500 米以上），人口 566.3 万（截至 2014 年 1 月）。有 90 多个民族，其中吉尔吉斯族占 68.4%，乌兹别克族占 14.3%，俄罗斯族占 9.5%，东干族占 1.1%，乌克兰族占 0.6%。其他为朝鲜、维吾尔、塔吉克等民族。70% 居民信仰伊斯兰教，多数属逊尼派。其次为东正教和天主教。国语为吉尔吉斯语，俄语为官方语言。首都比什凯克。货币索姆。8 月 31 日为独立日。

塔吉克斯坦

塔吉克斯坦共和国，面积 14.31 万平方千米，人口 839.82 万（截至 2015 年 4 月）。有 86 个民族，其中塔吉克族占 80%，乌兹别克族占 15.3%，俄罗斯族占 1%。此外，还有鞑靼、吉尔吉斯、乌克兰、土库曼、哈萨克、白俄罗斯、亚美尼亚等民族。多数居民信奉伊斯兰教，多数为逊尼派（帕米尔一带属什叶派）。塔吉克语为国语，俄语为通用语。首都杜尚别。货币索莫尼。9 月 9 日为独立日。

土库曼斯坦

土库曼斯坦，面积 49.12 万平方千米，人口 700 万（2015 年 1 月）。有 100 多个民族，土库曼族占 94.7%。多数居民信奉伊斯兰教（逊尼派）。国语为土库曼语，俄语为通用语。首都阿什哈巴德。货币马纳特。10 月 27 日为独立日。

乌兹别克斯坦

乌兹别克斯坦共和国，面积 44.74 万平方千米，人口 3100 万。有 134 个民族，乌兹别克族占 78.8%，塔吉克族占 4.9%，俄罗斯族占 4.4%。乌兹别克语为官方语言，俄语为通用语言。多数居民信奉伊斯兰教（逊尼派），其余多信奉东正教。首都塔什干。货币苏姆。9 月 1 日为独立日。

西亚地区

阿联酋

阿拉伯联合酋长国（The United Arab Emirates），面积83600平方千米，人口930万，外籍人占88.5%，主要来自印度、巴基斯坦、埃及、叙利亚、巴勒斯坦等国。居民大多信奉伊斯兰教，多数属逊尼派。阿拉伯语为官方语言，通用英语。首都阿布扎比。货币迪拉姆。12月2日为国庆日。

黎巴嫩

黎巴嫩共和国（The Republic of Lebanon），面积10452平方千米，人口约462万（2015年），绝大多数为阿拉伯人。阿拉伯语为官方语言，通用法语、英语。居民54%信奉伊斯兰教，主要是什叶派、逊尼派和德鲁兹派；46%信奉基督教，主要有马龙派、希腊东正教、罗马天主教和亚美尼亚东正教等。首都贝鲁特。货币黎巴嫩镑。11月22日为独立日。

叙利亚

阿拉伯叙利亚共和国（The Syrian Arab Republic），面积185180平方千米（包括被以色列占领的戈兰高地约1200平方千米），人口1980万（2015年官方估计），其中阿拉伯人占80%以上，还有库尔德人、亚美尼亚人、土库曼人等。阿拉伯语为国语。居民中85%信奉伊斯兰教，14%信奉基督教。穆斯林人口中，逊尼派占80%（约占全国人口的68%），什叶派占20%，在什叶派中阿拉维派占75%（约占全国人口的11.5%）。首都大马士革。货币叙利亚镑。4月17日为国庆日。

卡塔尔

卡塔尔国（The State of Qatar），面积11521平方千米，人口234万，其中卡塔尔公民约占15%，外籍人主要来自印度、巴基斯坦和东南亚国家。阿拉伯语为官方语言，通用英语。居民大多信奉伊斯兰教，多数属逊尼派中的瓦哈比教派，什叶派占全国人口的16%。首都多哈。货币卡塔尔里亚尔。12 月 18 日为国庆日。

沙特阿拉伯

沙特阿拉伯王国（Kingdom of Saudi Arabia），面积 225 万平方千米，人口 3152 万（2015 年），其中沙特公民约占 67%。伊斯兰教为国教，逊尼派占 85%，什叶派占 15%。官方语言阿拉伯语。首都利雅得。货币沙特里亚尔。9 月 23 日为国庆日。

伊拉克

伊拉克共和国（The Republic of Iraq），面积 43.83 万平方千米，人口 3600 万（2015 年），其中阿拉伯民族约占 78%（什叶派约占 60%，逊尼派约占 18%），库尔德族约占 15%，其余为土库曼族、亚美尼亚族等。官方语言为阿拉伯语和库尔德语。居民中 95% 以上信奉伊斯兰教，少数人信奉基督教等其他宗教。首都巴格达。货币新伊拉克第纳尔。

土耳其

土耳其共和国（Republic of Turkey），面积 78.36 万平方千米，其中 97% 位于亚洲的小亚细亚半岛，3% 位于欧洲的巴尔干半岛。人口 7874 万，土耳其族占 80% 以上，库尔德族约占 15%。土耳其语为国语。99% 的居民信奉伊斯兰教，其中 85% 属逊尼派，其余为什叶派（阿拉维派）；少数人信仰基督教和犹太教。首都安卡拉。货币土耳其里拉。10 月 29 日为共和国成立日。

科威特

科威特国（The State of Kuwait），面积 17818 平方千米，人口 396.5 万，其中科威特籍人 124.3 万。官方语言阿拉伯语。伊斯兰教为国教，居民中 95% 信奉伊斯兰教，其中约 70% 属逊尼派，30% 为什叶派。首都科威特城。货币科威特第纳尔。2 月 25 日为国庆日。

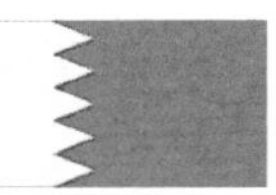

巴林

巴林王国（The Kingdom of Bahrain），面积 767 平方千米，人口 131.4 万，外籍人占 51%。85% 的居民信奉伊斯兰教，其中什叶派占 70%，逊尼派占 30%。官方语言阿拉伯语，通用英语。首都麦纳麦。货币巴林第纳尔。12 月 16 日为国庆日。

伊朗

伊朗伊斯兰共和国（The Islamic Republic of Iran），面积 164.5 万平方千米，人口 8000 万，其中波斯人占 66%，阿塞拜疆人占 25%，库尔德人占 5%，其余为阿拉伯人、土库曼人等少数民族。官方语言为波斯语。伊斯兰教为国教，98.8% 的居民信奉伊斯兰教，其中 91% 为什叶派，7.8% 为逊尼派。首都德黑兰。货币伊朗里亚尔。2 月 11 日为伊斯兰革命胜利日。

巴勒斯坦

巴勒斯坦国（The State of Palestine）。根据 1947 年 11 月联合国关于巴勒斯坦分治的第 181 号决议，在巴勒斯坦地区建立的阿拉伯国面积为 1.15 万平方千米，后被以色列占领。1988 年 11 月，巴勒斯坦全国委员会第 19 次特别会议宣告成立巴勒斯坦国，但未确定其疆界。马德里和会后，巴方通过与以色列和谈，陆续收回了约 2500 平方千米的土地。人口约 1200 万，其中加沙地带和约旦河西岸人口为 481 万（2016 年 3 月），其余为在外的难民和侨民。通用阿拉伯语，主要信仰伊斯兰教。1988 年 11 月，巴勒斯坦全国委员会第 19 次特别会议通过《独立宣言》，宣布耶路撒冷为巴勒斯坦国首都。目前巴勒斯坦总统府等政府主要部门均设在拉马拉。11 月 15 日为国庆日。

也门

也门共和国（The Republic of Yemen），面积 55.5 万平方千米，人口 2360 万，绝大多数是阿拉伯人。官方语言为阿拉伯语。伊斯兰教为国教，什叶派的宰德教派和逊尼派的沙斐仪教派各占 50%。首都萨那。货币里亚尔。5 月 22 日为国庆日。

格鲁吉亚

格鲁吉亚，面积 6.97 万平方千米，人口 371 万，主要为格鲁吉亚族（占 86.8%），其他民族有阿塞拜疆族、亚美尼亚族、俄罗斯族及奥塞梯族、阿布哈兹族、希腊族等。官方语言为格鲁吉亚语，居民多通晓俄语。主要信奉东正教，少数信奉伊斯兰教。首都第比利斯。货币拉里。5 月 26 日为国庆日。

阿塞拜疆

阿塞拜疆共和国，面积 8.66 万平方千米，人口 959 万，主要为阿塞拜疆族（占 90.6%），还有俄罗斯族、亚美尼亚族等。官方语言为阿塞拜疆语，居民多通晓俄语。主要信仰伊斯兰教。首都巴库。货币新马纳特。5 月 28 日为国庆日。

亚美尼亚

亚美尼亚共和国，面积 2.97 万平方千米，人口 300 万。亚美尼亚族约占 96%，其他民族有俄罗斯族、乌克兰族、亚速族、希腊族、格鲁吉亚族、白俄罗斯族、犹太人、库尔德族等。官方语言为亚美尼亚语，居民多通晓俄语。主要信仰基督教。首都埃里温。货币德拉姆。9 月 21 日为国庆日。

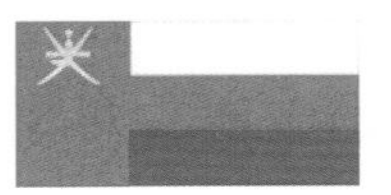

阿曼

阿曼苏丹国（The Sultanate of Oman），面积 30.95 万平方千米，人口 409.2 万（2014 年 12 月），其中阿曼人 230.3 万，约占 56.3%。伊斯兰教为国教，90% 本国穆斯林属伊巴德教派。官方语言为阿拉伯语，通用英语。首都马斯喀特。货币阿曼里亚尔。11 月 18 日为国庆日。

以色列

以色列国（The State of Israel），根据 1947 年联合国关于巴勒斯坦分治决议的规定，以色列国的面积为 1.52 万平方千米。目前以色列实际控制面积约 2.5 万平方千米。人口 846.2 万（2016 年 1 月），其中犹太人约占 74.9%，其余为阿拉伯人、德鲁兹人等。希伯来语和阿拉伯语均为官方语言，通用英语。大部分居民信奉犹太教，其余信奉伊斯兰教、基督教和其他宗教。建国时首都在特拉维夫，1950 年迁往耶路撒冷，但未获国际社会普遍承认。1980 年 7 月 30 日，以议会通过法案，宣布耶路撒冷是以色列"永恒的与不可分割的首都"。对于耶路撒冷的地位和归属，阿拉伯国家同以色列一直存有争议。目前，国际社会同以建交的国家均将使馆设在特拉维夫或其周边城市。货币新谢克尔。独立日约在公历 4、5 月。

约旦

约旦哈希姆王国（The Hashemite Kingdom of Jordan），面积8.9万平方千米，人口950万（含巴勒斯坦、叙利亚、伊拉克难民），98%的人口为阿拉伯人，还有少量切尔克斯人、土库曼人和亚美尼亚人。国教为伊斯兰教，92%的居民属逊尼派，2%的居民属于什叶派和德鲁兹派。信奉基督教的居民约占6%，主要属希腊东正教派。官方语言为阿拉伯语，通用英语。首都安曼。货币约旦第纳尔。5月25日为国庆日。

欧洲地区

阿尔巴尼亚

阿尔巴尼亚共和国（The Republic of Albania），面积 2.87 万平方千米，人口 288 万（2017 年 1 月），其中阿尔巴尼亚族占 82.58%。少数民族主要有希腊族、马其顿族等。官方语言为阿尔巴尼亚语。56.7% 的居民信奉伊斯兰教，6.75% 信奉东正教，10.1% 信奉天主教。首都地拉那。货币列克。11 月 28 日为国庆日（独立日）。

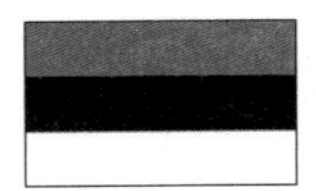

爱沙尼亚

爱沙尼亚共和国（The Republic of Estonia），面积 45339 平方千米，人口 131.3 万（2015 年 1 月）。主要民族有爱沙尼亚族、俄罗斯族、乌克兰族和白俄罗斯族。官方语言为爱沙尼亚语。英语、俄语亦被广泛使用。主要信奉基督教路德宗、东正教和天主教。首都塔林。货币欧元。2 月 24 日为国庆日（独立日）。

白俄罗斯

白俄罗斯共和国，面积 20.76 万平方千米，人口 949.87 万。有 100 多个民族，其中白俄罗斯族占 81.2%，俄罗斯族占 11.4%，波兰族占 3.9%，乌克兰族占 2.4%，犹太族占 0.3%，其他民族占 0.8%。官方语言白俄罗斯语和俄语。主要信奉东正教（70% 以上），西北部一些地区信奉天主教及东正教与天主教的合并教派。首都明斯克。货币白俄罗斯卢布。7 月 3 日为国庆日。

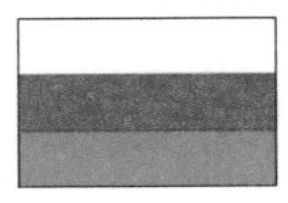

保加利亚

保加利亚共和国（The Republic of Bulgaria, Република България），面积 111001.9 平方千米，人口 715.37 万（2015 年），其中保加利亚族占 84%，土耳其族占 9%，罗姆族（吉卜赛）占 5%，其他（马其顿族、亚美尼亚族等）占 2%。保加利亚语为官方和通用语言，土耳其语为主要少数民族语言。居民主要信奉东正教，少数人信奉伊斯兰教。首都索非亚。货币列弗。

3 月 3 日为国庆日。1949 年 10 月 4 日与中国建交。

波黑

波斯尼亚和黑塞哥维那（Bosnia and Herzegovina，Bosna I Hercegovina），面积 5.12 万平方千米，人口 382 万 (2014 年），其中波黑联邦占 62.5%，塞尔维亚族共和国占 37.5%。主要民族波什尼亚克族（即原南时期的穆斯林族），约占总人口 43.5%；塞尔维亚族，约占总人口 31.2%；克罗地亚族，约占总人口 17.4%。三族分别信奉伊斯兰教、东正教和天主教。官方语言为波什尼亚语、塞尔维亚语和克罗地亚语。首都萨拉热窝。货币可兑换马克，或称波黑马克。

波兰

波兰共和国（The Republic of Poland），面积 312679 平方千米，人口 3849 万（2015 年 6 月）。其中波兰族约占 98%，此外还有德意志、白俄罗斯、乌克兰、俄罗斯、立陶宛、犹太等少数民族。官方语言为波兰语。全国约 90% 的居民信奉罗马天主教。首都华沙。货币兹罗提。5 月 3 日为国庆日。

黑山

黑山（Montenegro），面积 1.38 万平方千米，人口约 63 万。黑山族占 43.16%、塞尔维亚族占 31.99%，波什尼亚克族占 7.77%，阿尔巴尼亚族占 5.03%。官方语言黑山语。 主要宗教是东正教。首都波德戈里察。货币欧元。7 月 13 日为国庆日。

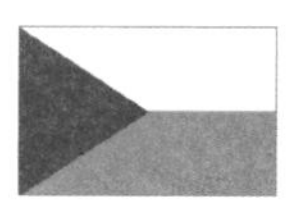

捷克

捷克共和国（The Czech Republic，Česká Republika），面积 78866 平方千米，人口 1056 万（2016 年）。其中约 90% 以上为捷克族，斯洛伐克族占 2.9%，德意志族占 1%，此外还有少量波兰族和罗姆族（吉普赛人）。官方语言为捷克语。主要宗教为罗马天主教。首都布拉格。货币捷克克朗。10 月 28 日为国庆日。

克罗地亚

克罗地亚共和国（The Republic of Croatia，Republika Hrvatska），面积 56594 平方千米，人口 423.8 万（2014 年）。主要民族有克罗地亚族（90.42%），其他为塞尔维亚族、波什尼亚克族、意大利族、匈牙利族、阿尔巴尼亚族、斯洛文尼亚族等，共 22 个少数民族。官方语言为克罗地亚语。主要宗教是天主教。首都萨格勒布。货币库纳。6 月 25 日为国庆日。

拉脱维亚

拉脱维亚共和国（The Republic of Latvia），面积 64589 平方千米，人口 196.6 万（2016 年）。拉脱维亚族占 62%，俄罗斯族占 26%，白俄罗斯族占 3%，乌克兰族占 2%，波兰族占 2%。此外还有犹太、爱沙尼亚等民族。官方语言为拉脱维亚语，通用俄语。主要信奉基督教路德教派和东正教。首都里加。货币欧元。11 月 18 日为国庆日（独立日）。

立陶宛

立陶宛共和国（The Republic of Lithuania），面积 6.53 万平方千米，人口 285 万（2017 年 1 月）。立陶宛族占 84.2%，波兰族占 6.6%，俄罗斯族占 5.8%。此外还有白俄罗斯、.乌克兰、犹太等民族。官方语言为立陶宛语，多数居民懂俄语。主要信奉罗马天主教，此外还有东正教、新教路德宗等。首都维尔纽斯。货币欧元。2 月 16 日为国庆日。

罗马尼亚

罗马尼亚（Romania），面积 238391 平方千米，人口 2222 万（2016 年 7 月）。罗马尼亚族占 88.6%，匈牙利族占 6.5%，罗姆族（吉卜赛人）占 3.2%，日耳曼族和乌克兰族各占 0.2%，其余民族为俄罗斯、土耳其、鞑靼等。官方语言为罗马尼亚语，主要少数民族语言为匈牙利语。主要宗教有东正教（信仰人数占总人口数的 86.5%）、罗马天主教（4.6%）、新教（3.2%）。 首都布加勒斯特。货币列伊。12 月 1 日为国庆日。

马其顿

马其顿共和国（The Republic of Macedonia , Republika Makedonija），面积 25713 平方千米，人口 209.6 万（2015 年）。主要民族为马其顿族（64.18%），阿尔巴尼亚族（25.17%），土耳其族（3.85%），吉普赛族（2.66%）和塞尔维亚族（1.78%）。官方语言为马其顿语。居民多信奉东正教，少数信奉伊斯兰教。首都斯科普里。货币代纳尔。9 月 8 日为国庆日。

摩尔多瓦

摩尔多瓦共和国，面积 3.38 万平方千米，人口 355.76 万，摩尔多瓦族占 75.8%，乌克兰族 8.4%，俄罗斯族 5.9%，加告兹族 4.4%，罗马尼亚族 2.2%，保加利亚族 1.9%，其他民族 1.4%。官方语言为摩尔多瓦语，俄语为通用语。宗教主要信仰东正教。首都基希讷乌。货币摩尔多瓦列伊。8 月 27 日为国庆日。

塞尔维亚

塞尔维亚共和国（The Republic of Serbia），面积 8.83 万平方千米，人口 713 万（不含科索沃地区，2014 年）。官方语言塞尔维亚语。主要宗教东正教。 首都贝尔格莱德。货币第纳尔。

斯洛伐克

斯洛伐克共和国（the Slovak Republic，Slovenská Republika），面积 49037 平方千米，人口 539.7 万（2014 年）。斯洛伐克族占 85.8%，匈牙利族占 9.7%，罗姆（吉卜赛）人占 1.7%，其余为捷克族、乌克兰族、日耳曼族、波兰族和俄罗斯族。官方语言为斯洛伐克语。居民大多信奉罗马天主教。首都布拉迪斯拉发。货币欧元。1 月 1 日、9 月 1 日（宪法日）为国庆日。

斯洛文尼亚

斯洛文尼亚共和国（The Republic of Slovenia, Republika Slovenija），面积 20273 平方千米，人口 206.4 万（2015 年）。主要民族为斯洛文尼亚族，约占 83%。少数民族有匈牙利族、意大利族和其他民族。官方语言为斯洛文尼亚语。居民主要信奉天主教。首都卢布尔雅那。

货币欧元。6 月 25 日为国庆日。

乌克兰

乌克兰，面积 60.37 万平方千米，人口 4555 万，110 多个民族，乌克兰族占 72%，俄罗斯族占 22%。官方语言为乌克兰语，俄语广泛使用。主要信奉东正教和天主教。首都基辅。货币格里夫纳。8 月 24 日为国庆日。

匈牙利

匈牙利（Hungary，Magyarország），面积 93030 平方千米，人口 987.7 万（2014 年 1 月）。主要民族为匈牙利（马扎尔）族，约占 90%。少数民族有斯洛伐克、罗马尼亚、克罗地亚、塞尔维亚、斯洛文尼亚、德意志等族。官方语言为匈牙利语。居民主要信奉天主教（66.2%）和基督教（17.9%）。首都布达佩斯。货币福林。8 月 20 日为国庆日。

其他国家

埃及

阿拉伯埃及共和国（The Arab Republic of Egypt），面积 100.1 万平方千米，人口 9240 万（2017 年 1 月）。伊斯兰教为国教，信徒主要是逊尼派，占总人口的 84%。科普特基督徒和其他信徒约占 16%。另有约 600 万海外侨民。官方语言为阿拉伯语。首都开罗。货币埃及镑。7 月 23 日为国庆日。

埃塞俄比亚

埃塞俄比亚联邦民主共和国（The Federal Democratic Republic of Ethiopia），面积 110.36 万平方千米，人口 9940 万（2015 年）。全国约有 80 多个民族，主要有奥罗莫族（40%）、阿姆哈拉族（30%）、提格雷族（8%）、索马里族（6%）、锡达莫族（4%）等。居民中 45% 信奉埃塞正教，40% ~ 45% 信奉伊斯兰教，5% 信奉新教，其余信奉原始宗教。阿姆哈拉语为联邦工作语言，通用英语，主要民族语言有奥罗莫语、提格雷语等。首都亚的斯亚贝巴。货币埃塞俄比亚比尔。

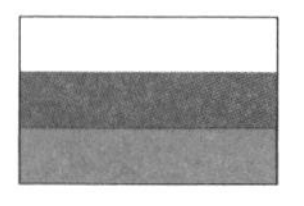

俄罗斯

俄罗斯联邦，亦称俄罗斯（Российская Федерация，Россия），面积 1709.82 万平方千米，人口 1.46 亿人。民族 194 个，其中俄罗斯族占 77.7%，主要少数民族有鞑靼、乌克兰、巴什基尔、楚瓦什、车臣、亚美尼亚、阿瓦尔、摩尔多瓦、哈萨克、阿塞拜疆、白俄罗斯等族。俄语是俄罗斯联邦全境内的官方语言，各共和国有权规定自己的国语，并在该共和国境内与俄语一起使用。主要宗教为东正教，其次为伊斯兰教。首都莫斯科。货币卢布。6 月 12 日为国庆日。

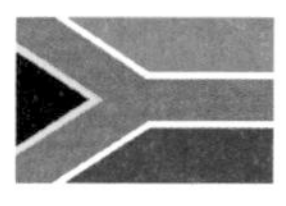

南非

南非共和国（The Republic of South Africa），面积 1219090 平方千米，人口 5450 万。

分黑人、有色人、白人和亚裔四大种族，分别占总人口的79.6%、9%、8.9%和2.5%。黑人主要有祖鲁、科萨、斯威士、茨瓦纳、北索托、南索托、聪加、文达、恩德贝莱9个部族，主要使用班图语。白人主要为阿非利卡人（以荷兰裔为主，融合法国、德国移民形成的非洲白人民族）和英裔白人，语言为阿非利卡语和英语。有色人主要是白人同当地黑人所生的混血人种，主要使用阿非利卡语。亚裔人主要是印度人（占绝大多数）和华人。有11种官方语言，英语和阿非利卡语为通用语言。约80%的人口信仰基督教，其余信仰原始宗教、伊斯兰教、印度教等。首都比勒陀利亚为行政首都，开普敦为立法首都，布隆方丹（Bloemfontein）为司法首都。货币兰特。4月27日为国庆日。

新西兰

新西兰（New Zealand），面积约27万平方千米，人口464万（2015年11月）。其中，欧洲移民后裔占74%，毛利人占15%，亚裔占12%，太平洋岛国裔占7%（部分为多元族裔认同）。官方语言为英语、毛利语。48.9%的居民信奉基督教新教和天主教。首都惠灵顿。货币新西兰元。2月6日为国庆日。

附录二 名词解释

危险性及地球物理场

承灾体：直接受到灾害影响和损害的人类社会主体。主要包括人类本身和社会发展的各个方面，如工业、农业、能源、建筑业、交通、通信、教育、文化、娱乐、各种减灾工程设施及生产、生活服务设施，以及人们积累起来的各类财富等。

地震危险性：某一场地上，在关心的时间范围内，由于附近发生地震的影响，而使某一选定的地面运动参数超过某一特定概率值的强度。目前全球通行的描述指标为 50 年超越概率为 10% 的地震动峰值加速度值或加速度反应谱，其超越概率水平大致相当于重现期 475 年。

地震监测能力：根据已经掌握数据的地震监测台网，能够识别并确定震中位置的地震震级下限，震级下限越低表示监测能力越强。地震监测能力与台网密度密切相关，同时也受到台址条件、监测仪器灵敏度等的影响。

GSN 台站：全球地震网络 (Global Seismographic Network，GSN)，是由美国地震学研究联合会 (IRIS) 与美国地质调查局 (USGS) 联合国际组织，安装和操作的一个全球性、多用途的数字化地震台网，由 150 多个分布在全球各地的地震监测台构成，提供免费、实时、开放的数据访问。

IMS 台站：由全面禁止核试验条约组织（CTBTO）建立的全球地震监测系统（International Monitoring System），截至 2015 年底，地震监测台站已有 42 个基本地震台和 107 个辅助地震台。

布格重力异常：通过重力仪测得的地面某点的观测结果，经过纬度改正、高度改正、中间层改正和地形改正后，再减去正常重力值得到的重力称为布格重力异常，布格重力异常一般用相对重力测量方法获得。布格重力异常值常用单位为 mGal（毫伽）。布格重力异常，反映的是地壳内各种偏离正常地壳密度的地质体，既包含局部各种剩余质量的影响，也包含地壳下界面起伏而在横向上相对上地幔质量亏损(山区)或盈余(海洋)的影响。从大范围看，大陆山区应为大面积的负值区，且山愈高，负值的绝对值越大；在海洋区，则反之。

地磁异常：由于局部地下介质不同物质含量的差异，造成实测地球磁场强度和理论磁场强度有所差异，这种差异称为地磁异常。异常值单位为 nT（纳特斯拉），T 为磁场强度，单位特斯拉，n 为纳即 10^{-9}（十亿分之一）。

地壳运动特征

全球定位系统（GPS）：美国国防部研制和维护的人造卫星导航系统。该系统的空间部分基于24~32颗人造地球卫星，运行在距地表超过20000km的中地球轨道上。理论上，对于接收到至少3颗卫星信号的用户端，人们能够迅速确定其在地球表面所处的位置及海拔。当前GPS系统定位精度可以达到毫米级，能够为地球表面绝大部分地区（98%）提供高精度的定位、导航以及授时服务。我国建设中的北斗卫星导航系统建成后，除具备与GPS系统相同的功能和精度之外，还具有通信功能。

地壳运动：地球内部构造应力作用引起的地壳介质的相对运动，可以是垂直运动、水平运动或倾斜运动。由大地测量观测手段（如GPS观测）获取的地表监测点水平与垂直位移速率，是描述地壳运动与变形的参数之一。

板块：板块构造学说提出，全球岩石圈由漂浮在软流圈上的多个活动块体组成，这些不同的活动块体即为板块，或称为岩石圈板块。板块能够在软流圈上发生水平漂移，随之带来板块边界与内部的挤压、拉张和变形。地震、火山等大规模构造活动大多发生在板块的边界上。

次级板块：依据活动构造带、地震活动带或其他地球物理场变异带在板块内部再次划分的相对统一区域称为亚板块，亚板块内部可再次划分出相对活动的构造块体。这里将亚板块和其内的活动构造块体简称为次级板块，用来描述除岩石圈板块以外的次级活动块体。次级板块内部构造活动相对稳定，边界活动强烈，地震活动时常发生在次级板块边界上。

GPS水平速度场：由GPS观测站记录的原始数据，解算得到观测站点在某段时间内的运动速度，以水平分量和垂直分量来描述；由诸多观测站点获得的水平运动速度可以得到某一地区的地壳水平运动速度场，即为GPS水平速度场。

GPS观测站：GPS系统中位于用户设备的部分，在大地测量过程中即为分布各地的观测站。观测站由GPS接收机硬件和相应的数据处理软件，以及微处理机及数据存储设备组成，这些软硬件设备可以用于对GPS卫星发送的导航定位信号的接收、跟踪、变换和测量。

欧亚固定参考系：为了表示位置坐标需要定义具有标尺作用的参照系统，并且以具体的地面框架点实现这一参照系统。欧亚固定参考系即以欧亚板块内一定的地面大地测量观测站作为实现框架点而构成的参照系统。在这一参考系下的GPS速度场可以描述欧亚大陆内部各点及周边相对欧亚板块的运动特征。

中源地震：地震学中根据地震发生的震源深度，将地震分为浅源地震（深度小于70km）、中源地震（70~300km）和深源地震（深度大于300km）。

建筑抗震设防

建筑结构：在建筑物（包括构筑物）中，由建筑材料做成用来承受各种荷载或者作用，以起骨架作用的空间受力体系。建筑结构因所用的建筑材料不同，可分为钢筋混凝土结构、砌体结构、钢结构、轻型钢结构、木结构和组合结构等。

反应谱：描述地震动工程特性的重要指标，在给定地震加速度作用期间内，特定阻尼比单质点体系的最大地震响应（加速度反应、速度反应、位移反应等）随质点自振周期变化的曲线。地震动的加速度反应谱可作为工程结构地震反应分析和抗震设计中衡量地震动强度的指标之一。

地震烈度：用以表述一地区受地震的影响程度，分成数级，级数愈高表示愈强烈，造成的灾情也愈重。对于单次地震，不同地区其地震烈度不同，通常在震中附近地震烈度最高，不同地区随到震中距离的增加烈度等级逐级递减。根据GB/T 17742—2008《中国地震烈度表》，我国的地震烈度分为十二度，用罗马数字表示。

设计特征周期：抗震设计用的地震影响系数曲线中，反映地震震级、震中距和场地类别等因素的下降段起始点对应的周期值，简称特征周期。

抗震设防烈度：一个地区抗震设防依据的地震烈度，我国一般取50年内超越概率10%的地震烈度。

多遇地震和罕遇地震：多遇地震是通常所说的小震，一般50年可能遭遇的超越概率为63%的地震烈度值，其重现周期大约为50年；罕遇地震是通常所说的大震，一般50年超越概率2% ~ 3%的地震烈度值，其重现周期大约为2500~1600年。

抗震构造措施：根据抗震概念设计原则，一般不需计算而对结构和非结构各部分必须采取的各种细部要求。

地震灾害应急管理

联合国人道主义事务办公室（Office for the Coordination of Humanitarian Affairs，简称OCHA）：成立于1998年，在纽约和日内瓦设有总部，全球下设区域、次区域、国家级等35个办公室，将近1900名任职人员。OCHA通过整体协调、政策导向、咨询建议、信息管理和人道主义资金援助等方面行使其协调人道主义事务的职责。其主要职能是包括消除由灾害或冲突引起的人类困苦、推进备灾和减灾工作、为受灾人群提供及时有效的国际援助、保受灾害或冲突影响的人群找到应对挑战的可持续渠道、宣扬人道主义权利。

联合国国际救援队伍分级测评（Insarag External Classification, 简称 IEC）：是联合国针对各国际救援队的管理、保障、搜索、营救和医疗救护等能力而进行的全面、深入、客观、规范的评估和核查。分级测评的内容主要包括两方面：管理协调和技术技能。管理协调测评主要针对救援队组成单位的组织领导和协调指挥能力；技术技能测评主要针对救援队完成特定具体任务的能力。分级测评将国际救援队分为重型、中型和轻型三个级别。重型救援队具有在倒塌建构筑物尤其是在钢混结构中开展搜索和营救的能力，以及执行国际救援任务的能力。通过联合国组织的测评活动获得国际重型救援队资格，已经成为任何一支国际救援队实施国际救援任务的准入证明。

东盟：东南亚国家联盟 (Association of Southeast Asian Nations)，简称东盟 (ASEAN)。成员国有马来西亚、印度尼西亚、泰国、菲律宾、新加坡、文莱、越南、老挝、缅甸和柬埔寨。其前身是马来亚(现马来西亚)、菲律宾和泰国于 1961 年 7 月 31 日在曼谷成立的东南亚联盟。1967 年 8 月 7 ~ 8 日，印度尼西亚、泰国、新加坡、菲律宾四国外长和马来西亚副总理在曼谷举行会议，发表了《曼谷宣言》(《东南亚国家联盟成立宣言》)，正式宣告东南亚国家联盟成立。

危机管理：是指应对危机的有关机制。具体指企业为避免或者减轻危机所带来的严重损害和威胁，从而有组织、有计划地学习、制定和实施一系列管理措施和因应策略，包括危机的规避、危机的控制、危机的解决与危机解决后的复兴等不断学习和适应的动态过程。

INSARAG：联合国国际搜索与救援咨询团，成立于 1991 年，是专门设立的国际城市搜索和救援行动队（USAR），其主要目的是促进各国际城市搜索与救援队对于地震结构倒塌破坏性事件的国家之间的协调。

附录三　数据来源说明

一、地震目录

中国及周边地区地区地震目录来源如下：

1. 国家地震局震害防御司编,《中国历史强震目录》(公元前23世纪至公元1911年，$M_S \geqslant 4$)，1995；

2. 中国地震局震害防御司编,《中国近代地震目录》(公元1912年至1990年，$M_S \geqslant 4.7$)，1999；

3. 中国地震局地球物理研究所编,《中国地震年报》(1991年至2000年)；

4. 中国地震台网中心《中国地震台网（CSN）地震目录》(2001年至2016年)；

5. 中国地震台网中心《中国地震台网统一地震目录》(2017年1月至2017年4月)。

中国以外地区地震目录：

1900—1999年全球7.0级以上地震目录来自《国际地震和地震工程手册》，国际地震学与地球内部物理学协会（IASPEI）成立百年纪念文集（Engdahl and Villasenor，2002)；

2000—2017年全球7.0级以上地震目录来自全球地震矩心矩张量解（GCMT）计划，美国哥伦比亚大学（http://www.globalcmt.org/)；

1973年以来4.5 ~ 7.0级地震目录来自美国国家地震信息中心（NEIC）全球地震目录（https://earthquake.usgs.gov/data/data.php#eq)。

所涉及参考文献：

Engdahl, E. R. and Villaseñor, A.. 2002, Global Seismicity: 1900-1999, in W. H. K. Lee, H. Kanamori, P. C. Jennings, and C. Kisslinger (eds.), International Handbook of Earthquake and Engineering Seismology, Part A, Academic Press, 665-690.

二、地球物理场

重力异常数据来源于WGM12重力异常模型。WGM2012重力异常是基于EGM2008重力模型和DTU10地形信息得出的模型，并包含ETOPO1模型1′×1′分辨率的地形结果，通过球面谐波方法在全球范围内实现重力异常的精确计算（Balmino, G. et al., 2011; Bonvalot, S.

et al., 2012)。

地磁异常数据来源于 EMAG2 地磁异常模型。EMAG2 地磁异常模型是 EMAG3 模型的升级，分辨率从 3 弧分提高到 2 弧分，在大地水准面上高度从 5km 减小到 4km。

所涉及参考文献：

Balmino, G., Vales, N., Bonvalot, S., et al.. 2011. Spherical harmonic modeling to ultra-high degree of Bouguer and isostatic anomalies. Journal of Geodesy. doi:10.1007/s00190-011-0533-4.

Bonvalot, S., Balmino, G., Briais, A., et al.. 2012. World Gravity Map. Commission for the Geological Map of the World. Eds. BGI-CGMW-CNES-IRD, Paris.

三、地壳运动特征

报告中所使用的地壳运动特征监测数据来自于国内外相关学者及研究小组公开发表的研究论文及报告，具体参考文献如下：

东亚地区：

Yang S M, Li J, Wang Q. The deformation pattern and fault rate in the Tianshan Mountains inferred from GPS observations[J]. 中国科学 : 地球科学 , 2008, 51(8):1064-1080.（蒙古）

Calais E, Vergnolle M, San'Kov V, et al.. GPS measurements of crustal deformation in the Baikal - Mongolia area (1994–2002): Implications for current kinematics of Asia[J]. Journal of Geophysical Research Solid Earth, 2003, 108(B10):429-432.（蒙古）

Jin S G, Park P H. Does the Southern Korean Peninsula belong to the Amurian plate? GPS observations[J]. Studia Geophysica Et Geodaetica, 2006, 50(4):633-644.（韩国）

李延兴，胡新康，李智，等 . 台海地区的地壳运动与变形 [J]. 地震学报，2002, 24(5): 487 ~ 495.（中国台湾）

中国地震局地震预测研究所形变室课题组 .（中国大陆）

Bird, P., An updated digital model of plate boundaries, Geochem. Geophys. Geosyst., 4(3), 1027, doi:10.1029/2001GC000252, 2003.（板块边界）

东南亚地区：

Iwakuni M, Kato T, Takiguchi H, et al.. Crustal deformation in Thailand and tectonics of Indochina peninsula as seen from GPS observations[J]. Geophysical Research Letters, 2004, 31(11):373-374.（印度尼西亚、泰国）

Broerse, T., R. Riva, W. Simons,R. Govers, and B. Vermeersen (2015), Postseismic GRACE and GPS observations indicate a rheology contrast above and below the Sumatra slab, J. Geophys. Res.Solid Earth, 120, 5343–5361,doi:10.1002/2015JB011951（泰国）

Chi C D, Yun H S, Cho J M. GPS measurements of horizontal deformation across the Lai Chau—Dien Bien (Dien Bien Phu) fault, in Northwest of Vietnam, 2002-2004[J]. Earth Planets & Space, 2006, 58(5):523-528.（越南）

Maurin T, Masson F, Rangin C, et al.. First global positioning system results in northern Myanmar: Constant and localized slip rate along the Sagaing fault[J]. Geology, 2010, 38(7):591-594.（缅甸）

Yu, S.-B., et al.. Present-day crustal deformation along the Philippine Fault in Luzon, Philippines. Journal of Asian Earth Sciences (2011), doi:10.1016/j.jseaes.2010.12.007（菲律宾）

Simons, W. J. F., et al. (2007), A decade of GPS in Southeast Asia: Resolving Sundaland motion and boundaries, J. Geophys. Res., 112, B06420, doi:10.1029/2005JB003868（菲律宾、马来西亚、印度尼西亚、中南半岛）

Hanifa N R, Sagiya T, Kimata F, et al.. Interplate coupling model off the southwestern coast of Java, Indonesia, based on continuous GPS data in 2008–2010[J]. Earth & Planetary Science Letters, 2014, 401:159-171.（印度尼西亚）

Đình Tô Trần, Nguyễn T Y, Dương C C, et al.. Recent crustal movements of northern Vietnam from GPS data[J]. Journal of Geodynamics, 2013, 69(69):5-10.（越南）

Vigny C, Socquet A, Rangin C, et al.. Present-day crustal deformation around Sagaing fault, Myanmar[J]. Journal of Geophysical Research Solid Earth, 2003, 108(B11):117-134.（缅甸）

Bird, P., An updated digital model of plate boundaries, Geochem. Geophys. Geosyst., 4(3), 1027, doi:10.1029/2001GC000252, 2003.（板块边界）

南亚地区：

Frohling E, Szeliga W. GPS constraints on interplate locking within the Makran subduction zone[J]. Geophysical Journal International, 2016, 205(1):67-76.（巴基斯坦）

Jouanne F, Awan A, Pêcher A, et al.. Present-day deformation of northern Pakistan from Salt Ranges to Karakorum Ranges[J]. Journal of Geophysical Research Solid Earth, 2014, 119(3):2487–2503.（巴基斯坦）

Banerjee P, Bürgmann R, Nagarajan B, et al.. Intraplate deformation of the Indian subcontinent[J]. Geophysical Research Letters, 2008, 35(18):7-12.（印度，尼泊尔，不丹，孟加拉国）

Bird, P., An updated digital model of plate boundaries, Geochem. Geophys. Geosyst., 4(3), 1027, doi:10.1029/2001GC000252, 2003.（板块边界）

中亚地区：

Ischuk A, Bendick R, Rybin A, et al.. Kinematics of the Pamir and Hindu Kush regions from GPS geodesy[J]. Journal of Geophysical Research: Solid Earth, 2013, 118(5):2408-2416.（吉尔吉斯斯坦、哈萨克斯坦）

Kuzikov S I, Mukhamediev S A. Structure of the present-day velocity field of the crust in the area of the Central-Asian GPS network[J]. Izvestiya Physics of the Solid Earth, 2010, 46(7):584-601.（塔吉克斯坦）

Bird, P., An updated digital model of plate boundaries, Geochem. Geophys. Geosyst., 4(3), 1027, doi:10.1029/2001GC000252, 2003.（板块边界）

西亚地区：

Aktug B, Ozener H, Dogru A, et al.. Slip rates and seismic potential on the East Anatolian Fault System using an improved GPS velocity field[J]. Journal of Geodynamics, 2016, s 94–95:1-12.（小亚细亚半岛）

Mousavi Z, Walpersdorf A, Walker R T, et al.. Global Positioning System constraints on the active tectonics of NE Iran and the South Caspian region[J]. Earth & Planetary Sciences Letters, 2013, 377(5):287-298.（伊朗和南里海地区）

Walpersdorf A, Manighetti I, Mousavi Z, et al.. Present-day kinematics and fault slip rates in eastern Iran, derived from 11 years of GPS data[J]. Journal of Geophysical Research Atmospheres, 2014, 119(2):1359-1383.（伊朗）

Zarifi Z, Nilfouroushan F, Raeesi M. Crustal Stress Map of Iran: Insight From Seismic and Geodetic Computations[J]. Pure & Applied Geophysics, 2014, 171(7):1219-1236.（伊朗、阿曼）

Mcclusky S, Balassanian S, Barka A, et al.. Global Positioning System constraints on plate kinematics and dynamics in the eastern Mediterranean and Caucasus[J]. Journal of Geophysical Research Solid Earth, 2000, 105(B3):5695-5719.（东地中海和高加索地区）

Nocquet J M. Present-day kinematics of the Mediterranean: A comprehensive overview of GPS results[J]. Tectonophysics, 2012, 579(2):220-242.（红海地区，埃塞俄比亚）

Bird, P., An updated digital model of plate boundaries, Geochem. Geophys. Geosyst., 4(3), 1027, doi:10.1029/2001GC000252, 2003.（板块边界）

欧洲地区：

Nocquet J M. Present-day kinematics of the Mediterranean: A comprehensive overview of GPS results[J]. Tectonophysics, 2012, 579(2):220-242.（欧洲）

Floyd M A, Billiris H, Paradissis D, et al.. A new velocity field for Greece: Implications for the kinematics and dynamics of the Aegean[J]. Journal of Geophysical Research Solid Earth, 2010, 115(B10):207-212.（希腊）

Bird, P., An updated digital model of plate boundaries, Geochem. Geophys. Geosyst., 4(3), 1027, doi:10.1029/2001GC000252, 2003.（板块边界）

四、地震危险性

东亚地区：

中国境内地震危险性数据来自 GB 18306—2015《中国地震动参数区划图》；朝鲜半岛地区根据 GB 18306—2015《中国地震动参数区划图》模型重新计算得到；蒙古国地震危险性数据来自胥广银等（2014）的研究。

东南亚地区：

菲律宾地震危险性数据来自“全球地震危险性图”（Global Seismic Hazard Map）项目（Giardini et al., 1999）；其他十国地震危险性数据来自 Petersen et al.（2007）。

南亚地区：

巴基斯坦地震危险性数据来自“中东地震模型”（Earthquake Model of the Middle East, EMME）项目（Danciu et al., 2015）；其他六国地震危险性数据来自“全球地震危险性图”（Global Seismic Hazard Map）项目（Giardini et al., 1999）。

中亚地区：

哈萨克斯坦、吉尔吉斯斯坦、塔吉克斯坦、乌孜别克族、土库曼五国地震危险性数据来自“中亚地震模型”（Earthquake Model of Central Asia, EMCA）项目（Bindi et al., 2012）；阿富汗地震危险性数据来自“中东地震模型”（Earthquake Model of the Middle East, EMME）项目（Danciu et al., 2015）。

西亚地区：

阿拉伯半岛地震危险性数据来自“全球地震危险性图”（Global Seismic Hazard Map）项目（Giardini et al., 1999）；其他地区地震危险性数据来自“中东地震模型”（Earthquake Model of the Middle East, EMME）项目（Danciu et al., 2015）。

欧洲地区：

"欧洲地震危险性统一"(Seismic Hazard Harmonization of Europe, SHARE)项目(Giardini et al., 2014)。

其他地区：

俄罗斯地震危险性数据来自"全球地震危险性图"(Global Seismic Hazard Map)项目(Giardini et al, 1999)。

所涉及参考文献如下：

胥广银，等. 2014，国际科技合作项目"远东地区地磁场、重力场及深部构造观测与模型研究（2011DFB20210）"系列成果之一"中国北部、蒙古及邻近地区地震区划研究报告"。

中华人民共和国国家质量监督检验检疫总局，中国国家标准化管理委员会. 2015. 中国地震动参数区划图. GB 18306—2015.

Bindi D, Abdrakhmatov K, Parolai S, et al.. 2012. Seismic hazard assessment in Central Asia: Outcomes from a site approach. Soil Dynamics and Earthquake Engineering, 37：84-91.

Danciu L, Giardini D, Sesetyan K. 2015. Seismic Hazard Assessment in the Middle East Region. Earthquake Model of the Middle East Region Project.

Giardini D, Woessner J, Danciu L, et al.. 2014. Mapping Europe's seismic hazard. EOS, Transactions, American geophysical union, 95(29)：261-268.

Giardini D, Gruenthal G, Shedlock K M, et al.. 1999. The GSHAP global seismic hazard map. Annals of Geophysics, 42（6）: 1225-1230.

Petersen M, Harmsen S, Mueller C, et al.. 2007. Documentation for the Southeast Asia Seismic Hazard Maps. Administrative Report September 30, U.S. Geological Survey.

五、地震构造

邓起东，等. 2007，中国活动构造图，地震出版社.

国家地震局地质研究所. 1981，亚欧地震构造图，地震出版社.

Abers, G. A. and McCaffrey, R. 1994. Active arc-continental collision: Earthquakes, gravity anomalies, and fault kinematics int Huon-Finisterr collision zone, Papua New Cuinea. Tectonics 13: 227-245.

Allen, C. R. 1962. Circum-Pacific faulting in the Philippines-Taiwan region. Journal of

Geophysical Research. 67: 4795-4812.

Berberian, M. 1976. Contribution to the seismotectonics of Iran (Part II). Geol. Survey Iran, 39, 518.

Curray, J. R. 2005. Tecotnics and history of the Andaman Sea region. J. Asian Earth Sci. 25: 187-232.

Feldl, N. and Bilham, R. 2006. Great Himalayan earthquakes and the Tibetan plateau. Nature 444: 165-170.

Linzer, H. G. 1996. Kinematics of retreating subduction along the Carpathian arc Romania. Geology 24: 167-170.

Molnar P. Tapponnier, P., 1978. Active tectonics of Tibet. Journal of Geophysical Research, 83:5361-5375.

McCaffrey, R. 1988. Active tectonics of the eastern Sunda and Banda arcs. Journal of Geophysical Research. 93: 15163-15182.

Tapponnier P; Molnar, P.1977. Active faulting and tectonics in China, Journal of Geophysical Research, 82 (20):2905-2930.

Yeats Robert, 2012, Active faults of the world, Cambridge University Press.

六、地震灾害

亚洲巨灾风险评估：王晓青、傅征祥、闻学泽、金学申、丁香，等 . 2011，亚洲地震巨灾高风险区识别（内部）.

中国大陆风险评估：王晓青、窦爱霞、丁香、袁小祥、丁玲，等 . 2015. 2016—2020 年中国大陆地震损失预测研究（内部）.

一带一路国家和地区地震风险所依据地震危险性资料：世界地震危险性评估计划，GHSAP（1999）.

世界人口分布：美国哥伦比亚大学国际地球科学信息网络中心（CIESIN）。

Frolova N I, Larionov V I, Bonnin J, Sushchev S P，Ugarov A N，Kozlov M A,2016,Seismic risk assessment and mapping at different levels, Natural Hazards,1-20. DOI 10.1007/s11069-016-2654-9.

历史地震灾害资料：主要来源于宋治平、张国民、刘杰，等 . 全球地震灾害信息目录，地震出版社，2011.

地震易损性参考资料：李曼、邹振华、史培军、王静爱 . 世界地震灾害风险评价 . 自然

灾害学报 . 2015，24（5）1-11.

欧洲地震经济损失预测图：Corbane,C,Hancilar U, Ehrlich D, Groeve T D. 2017. Pan-European seismic risk assessment: a proof of concept using the Earthquake Loss Estimation Routine (ELER),Bull Earthquake Eng (2017) 15:1057–1083. DOI 10.1007/s10518-016-9993-5.

俄罗斯地震风险分布图：Frolova N I, Larionov V I, Bonnin J, Sushchev S P，Ugarov A N，Kozlov M A,2016,Seismic risk assessment and mapping at different levels, Natural Hazards,1-20. DOI 10.1007/s11069-016-2654-9.